Cinema 4D
应用培训教材

王琦　主编

张克亮　副主编

U0300014

人民邮电出版社

北　京

图书在版编目（ＣＩＰ）数据

Cinema 4D应用培训教材 / 王琦主编. -- 北京：人
民邮电出版社，2021.1（2024.2重印）
ISBN 978-7-115-55126-9

Ⅰ. ①C… Ⅱ. ①王… Ⅲ. ①三维动画软件－教材
Ⅳ. ①TP391.414

中国版本图书馆CIP数据核字(2020)第205596号

◆ 主　　编　王　琦
　　副 主 编　张克亮
　　责任编辑　赵　轩
　　责任印制　王　郁　马振武

◆ 人民邮电出版社出版发行　　北京市丰台区成寿寺路 11 号
　　邮编　100164　电子邮件　315@ptpress.com.cn
　　网址　https://www.ptpress.com.cn
　　北京九州迅驰传媒文化有限公司印刷

◆ 开本：787×1092　1/16
　　印张：15　　　　　　　　2021 年 1 月第 1 版
　　字数：263 千字　　　　　2024 年 2 月北京第 5 次印刷

定价：89.00 元

读者服务热线：(010)81055410　印装质量热线：(010)81055316
反盗版热线：(010)81055315
广告经营许可证：京东市监广登字 20170147 号

编委会名单

主　编： 王　琦

副主编： 张克亮

参　编： 张　龙　齐旺涛　任启亮
　　　　　许晓婷　张　鸿　闫　龙
　　　　　孙瑞雄　谢奇波　魏　岩

编委会： （按姓氏音序排列）

随着移动互联网技术的高速发展，数字艺术为电商、短视频、5G等新兴领域的飞速发展提供了前所未有的强大助力。以数字技术为载体的数字艺术行业，在全球范围内呈现出高速发展的态势，为中国文化产业的再次兴盛贡献了巨大力量。据2019年8月发布的《数字文化产业发展趋势报告》显示，在经济全球化、新媒体融合、5G产业即将迎来大爆发的行业背景下，数字艺术还会迎来新一轮的飞速发展。

行业的高速发展，需要持续不断的"新鲜血液"注入其中。因此，我们要不断推进数字艺术相关行业的职教体系的发展和进步，培养更多能够适应未来数字艺术产业的技术型人才。在这方面，火星时代积累了丰富的经验。作为中国较早进入数字艺术领域的教育机构，自1994年创立"火星人"品牌以来，火星时代一直秉承"分享"的理念，毫无保留地将最新的数字技术，分享给更多的从业者和大学生，无意间开启了中国数字艺术教育元年。26年来，火星时代一直专注数字技能型人才的培养，"分享"也成为我们刻在骨子里的坚持。现在，我们每年都会为行业输送数以万计的优秀技能型人才，教学成果、图书教材和教学案例通过各种渠道辐射全国，很多艺术类院校或相关专业都在使用火星时代创作的图书教材或教学案例。

火星时代创立初期的主业为图书出版，在教材的选题、编写和研发上自有一套成功经验。从1994年出版第一本《3D Studio 3.0-4.0三维动画全面速成》至今，火星时代教材出版超过100种，累计销量已过千万。在纸质图书从式微到复兴的大潮中，火星时代的教学团队从未中断过在图书出版方面的探索和研究。

"教育"和"数字艺术"是火星时代长足发展的两大关键词。教育具有前瞻性和预见性；数字艺术又因与电脑技术的发展息息相关，一直都奔跑在时代的最前沿。而在这样的环境中，"居安思危、不进则退"成为火星时代发展道路上的座右铭。我们从未停止过对行业的密切关注，尤其是技术革新带来的对人才需求的新变化。2020年上半年，通过对上万家合作企业和几百所合作院校的最新需求调研，我们发现，对新版本软件的熟练使用，是联结人才供需双方诉求的最佳结合点。因此，我们选择了目前行业需求最急迫、使用最多、版本最新的几大软件，发动具备行业一线水准的火星时代精英讲师，精心编写出这套基于软件实用功能的系列图书。该系列图书内容章节设计既全面覆盖软件操作的核心知识点，又创新性地搭配了按照章节定义的教学视频、课件PPT、教学大纲、设计资源及课后练习题，非常适合零基础读者，同时还能够很好地满足各大高等专业院校、高职院校的视觉、设计、媒体、园艺、工程、美术、摄影、编导等相关专业的授课需求。

学生学习数字艺术的过程就是攀爬金字塔的过程。从基础理论、软件学习、商业项目实战、专业知识的横向扩展和融会贯通，一步步地进阶到金字塔尖。火星时代在艺术职业教育领域经过26年的发展，已经创造出一整套完整的教学体系，力求帮助学生在成长中的每个阶段都能完成挑战，顺利进入下一阶段。我们出版图书的目的也是如此。这里也由衷感谢人民邮电出版社的大力支持。

美国心理学家、教育家布鲁姆曾说过："学习的最大动力，是对学习材料的兴趣。"希望这套浓缩了我们多年教育精华的图书，能给您带来极佳的学习体验！

王琦

火星时代教育创始人、校长

中国三维动画教育奠基人

软件介绍

Cinema 4D是 Maxon Computer公司推出的一款三维软件。动态图形设计师可以将 Cinema 4D用于电视节目包装，电影电视片头、商业广告、MV、舞台屏幕互动装置等的制作；特效师可以用Cinema 4D设计电影、电视等视觉作品。

Cinema 4D拥有强大的模型流程化模块、运动图形模块、模拟模块、雕刻模块、渲染模块等功能模块，可以用来完成项目的模型、材质、动画、渲染、特效等的制作和设置工作，创造出震撼人心的视觉效果。同时Cinema 4D中的MoGraph模块为设计师提供了全新的设计方向。Cinema 4D拥有强大的预设库，可以为设计师制作项目提供强有力的帮助；Cinema 4D还可以无缝地与后期软件Adobe After Effects等进行衔接。

本书是基于Cinema 4D R21编写的，建议读者使用该版本软件。如果读者使用的是其他版本的软件，也可以正常学习本书所有内容。

内容介绍

第1课 "三维模型基础动画" 讲解时间线面板、关键帧及关键帧按钮、如何制作动画及调整动画的函数曲线，并通过案例讲解加深读者对三维模型基础动画的认识。

第2课 "摄像机" 讲解摄像机的常用类型及常用参数，并通过案例讲解加深读者对摄像机的认识。

第3课 "灯光系统" 讲解不同灯光类型及常用参数，并通过案例讲解加深读者对灯光系统的认识。

第4课 "材质系统" 讲解材质系统的构成、各种不同的材质，并通过案例讲解加深读者对材质系统的认识。

第5课 "渲染输出设置" 讲解渲染工具、常用渲染设置、常用效果和3种内置渲染器，让读者对渲染输出设置有充分的了解。

第6课 "模拟标签——刚体、柔体和布料系统" 讲解刚体、柔体和布料系统的应用，并通过案例加深读者对模拟标签的认识。

第7课 "粒子系统" 讲解粒子系统中的粒子发射器、发射器调整、粒子力场和粒子渲染，并通过案例加深读者对粒子系统的认识。

第8课 "毛发系统" 讲解毛发对象、毛发编辑命令、毛发标签，并通过案例加深读者对毛发系统的认识。

第9课 "常用插件及预设" 讲解常用插件和预设的使用方式。

第10课 "综合案例——电商广告场景制作" 讲解制作场景模型、制作场景灯光、创建场景材质、渲染输出和后期处理等制作流程。

本书特色

本书内容循序渐进、理论与应用并重，能够帮助读者实现从基础入门到进阶的提升。此外，本书提供了大量的视频教学内容，使读者可以更好地理解、掌握与熟练运用Cinema 4D。

本书附赠大量资源，包括所有课程的讲义，案例的详细操作视频、素材文件、工程文档和结果文件。视频教程与书中内容相辅相成、互为补充；讲义可以帮助读者快速梳理知识要点，也可以帮助教师编写课程教案。

作者简介

王琦：火星时代教育创始人、校长，中国三维动画教育奠基人，北京信息科技大学兼职教授、上海大学兼职教授，Adobe教育专家、Autodesk教育专家、出版"三维动画速成""火星人"等系列图书和多媒体音像制品50余部。

张克亮：现任海南软件职业技术学院动画学院院长，副教授，研究方向为动画创作、视觉艺术、造型设计；曾获2018年国家级职业教育教学成果奖二等奖、海南省高等教育教学成果奖一等奖、海南省高校教师教学大赛一等奖等奖励。

张龙：火星时代影视教研经理、资深运动图形设计师、剪辑包装专家讲师，具有10年广告包装从业经验，丰富的影视、广告、电视包装实战和教学经验，为各大卫视提供整包改版服务，为各大品牌制作广告及提供各类视频制作服务。在6年的教学生涯中，他先后培养出几十位设计总监、数千名优秀设计师。参与编写多部图书。曾服务于CCTV-1、CCTV-4、CCTV-7、CCTV-9、CCTV-10、安徽卫视、浙江卫视、江苏卫视、河南卫视、山东卫视、北京卫视、BTV公共、BTV 新闻、安徽经视、安徽科教、浙江少儿、江苏少儿、京东旅游、OPPO、一点资讯、东风汽车、长安汽车、李先生、博洛尼、北京"设计之都"申办组等。

齐旺涛：动态视觉设计师、资深讲师、教研讲师，有多年行业项目经验和教学经验。

任启亮：主要从事影视剪辑包装及教学工作，相关从业时间达8年，参与项目有TCL-8K电视产品包装设计、2018年京东618主会场开场视频、《看涂说话》涂磊自媒体栏目包装、中国铁路科学院产品包装展示。

许晓婷：资深视觉设计师，有10年以上手绘经验，擅长三维设计、平面设计、漫画插画绘制。为多家品牌提供视觉创意服务，客户包含阿里巴巴、腾讯、农夫山泉、西安博物院、西安外国语大学、华远地产、熙地港等。

张鸿：动态视觉设计师，有多年行业一线经验和丰富的教学经验，曾参与制作《堡垒之夜》国服开放测试宣传片、《消除联盟》圣诞版宣传片、《疯狂动物城》手游宣传片等大型项目。

闫龙： 影视剪辑包装设计师，主要从事影视包装和电商设计，有8年设计艺术相关教学经验和工作经验。

孙瑞雄： 动态图形设计师，主要从事视觉创意设计和三维动态影像设计，服务客户包括兴业银行、信智城等。

谢奇波： 剪辑包装设计师，有7年从业经验，参与项目有浙江卫视包装、上海SMG节目包装、各类游戏节目包装、各类广告片制作。

魏岩： 主要从事影视剪辑包装设计及相关教学工作，从业时间4年，参与项目有Drom宣传片包装、Sen Tec宣传片和产品包装、AFK剑与远征后期合成。

读者收获

学习完本书后，读者可以熟练地掌握Cinema 4D的操作方法，还将对动画、摄像机、灯光、材质、渲染输出及特效模块等有更深入的理解。

本书在编写过程中难免存在疏漏之处，希望广大读者批评指正。如果读者在阅读本书的过程中有任何建议，欢迎发送电子邮件至zhangtianyi@ptpress.com.cn联系我们。

编者

2020年12月

课程名称	Cinema 4D 应用培训			
教学目标	使学生掌握Cinema 4D的应用技巧，并能够使用软件创作出三维作品			
总课时	32	总周数		8
课时安排				
周次	建议课时	教学内容	单课总课时	作业
1	4	三维模型基础动画（本书第1课）	4	1
2	4	摄像机认识（本书第2课）	4	1
3	3	灯光系统（本书第3课）	3	1
	1	材质系统（本书第4课）	2	1
4	1			
	3	渲染输出设置（本书第5课）	3	1
5	4	模拟标签——刚体、柔体和布料系统（本书第6课）	4	1
6	3	粒子系统（本书第7课）	3	1
	1	毛发系统（本书第8课）	3	1
7	2			
	2	常用插件及预设（本书第9课）	3	1
8	1			
	3	综合案例——电商广告场景制作（本书第10课）	3	1

本书用课、节、知识点、二维码和本课练习题对内容进行了划分。

课 每课讲解具体的功能或项目。

节 将每课的内容划分为几个学习任务。

知识点 将每节的内容分为几个知识点进行讲解。

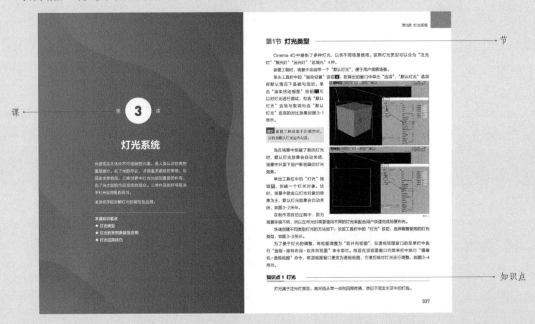

本课练习题 课后安排有选择题、填空题和操作题。其中选择题和填空题都配有参考答案，以帮助读者巩固所学知识；操作题均提供详细的作品规范、素材和要求，帮助读者检验自己是否能够掌握并灵活运用所学知识。

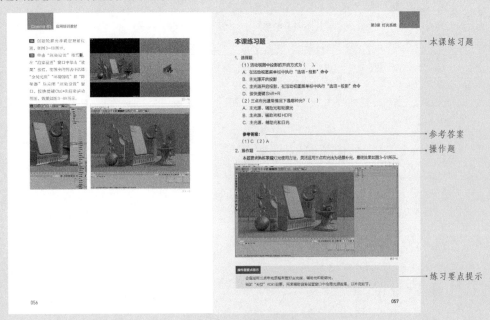

资源获取

本书附赠所有课程的讲义，案例的详细操作视频、素材文件、工程文档和结果文件。登录QQ，搜索群号"1063473302"加入火星时代的"CINEMA 4D图书售后群"，即可获得本书所有资源的下载方式。

目录

目录

第 7 课 粒子系统

第 8 课 毛发系统

第 9 课　常用插件及预设

第 10 课　综合案例——电商广告场景制作

第 **1** 课

三维模型基础动画

本课讲解如何用Cinema 4D制作三维模型基础动画。本课先讲解时间线面板、关键帧及关键帧按钮的用法，然后讲解如何制作基础动画，再讲解如何在时间线窗口中对动画进行变速，最后通过相关案例内容的讲解，帮助读者快速掌握三维基础动画的制作方法。

本课知识要点
- ◆ 时间线面板
- ◆ 关键帧及关键帧按钮
- ◆ 制作活动对象动画
- ◆ 时间线窗口常用工具及函数曲线类型

第1节　时间线面板

时间线面板用于控制、编辑和播放动画。时间线面板由以下3个部分组成。

第1部分是时间线，如图1-1所示。在时间线上拖动时间滑块可以浏览透视视图中的动画。

图1-1

第2部分是时间线范围滑块，如图1-2所示。拖动时间线范围滑块可以快速浏览时间线上某段时间范围内的动画。

图1-2

第3部分是一些工具，使用这些工具可以播放动画、添加关键帧等，如图1-3所示，包括以下常用工具。

图1-3

- 转到动画起点工具 ⏮。
- 转到上一关键帧工具 ⏮。
- 转到上一帧工具 ◀。
- 向前播放动画工具 ▶。
- 转到下一帧工具 ▶。
- 转到下一关键帧工具 ⏭。
- 转到动画终点工具 ⏭。
- 记录位移、缩放、旋转及活动对象点级别动画工具 ⊘。
- 自动记录活动对象工具 ◎。
- 设置关键帧选集对象工具 ⊙。
- 记录位移、旋转、缩放开/关工具 ✛ ▧ ⟳。
- 记录参数点级别动画开/关工具 Ⓟ。
- 记录点级别动画开/关工具 ⠿。
- 设置播放速率工具 ⠿。

第2节　关键帧及关键帧按钮

关键帧的主要作用就是记录活动对象当前帧的状态。

知识点 1 关键帧

新建一个立方体，激活记录活动对象工具，时间线上出现灰色关键帧，如图1-4所示。

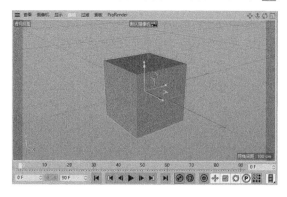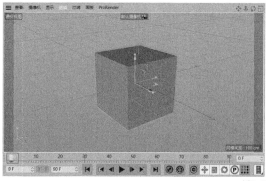

图1-4

高亮显示的关键帧说明该关键帧处于被选中状态，关键帧旁边有手柄，左右拖动手柄可控制关键帧位置，更改动画速度，如图1-5所示。

按住Shift键单击时间线，可以取消选中的关键帧，如图1-6所示。

图1-5

图1-6

选中当前关键帧，按快捷键Ctrl+C复制当前关键帧，如图1-7所示。将时间滑块拖曳到要粘贴关键帧的位置，按快捷键Ctrl+V即可粘贴关键帧到此位置，如图1-8所示。

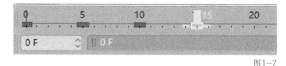

图1-7

图1-8

将时间滑块拖曳到要复制的关键帧上，将鼠标指针放到要粘贴关键帧的位置上，按住Ctrl键的同时单击可以复制当前时间滑块所在关键帧的属性，如图1-9所示。

要删除关键帧，选中关键帧按Delete键即可。

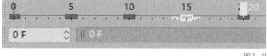

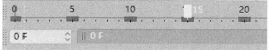

图1-9

知识点 2 关键帧按钮

观察关键帧按钮的状态可以判断当前活动对象有没有关键帧。

- 关键帧按钮为灰色 时，代表此属性当前没有关键帧，如图1-10所示。
- 关键帧按钮为红色实心 时，代表此属性当前有关键帧，如图1-11所示。
- 关键帧按钮为黄色空心 时，代表此属性当前没有关键帧，并改变了P.X的数值，如图1-12所示。

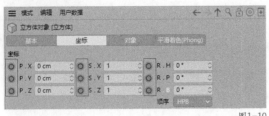

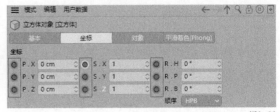

图1-10　　　　　　　　　　　　　　　　　　图1-11

- 关键帧按钮为黄色实心 ⊙ 时，代表此属性当前有关键帧，并改变了P.X的数值，如图1-13所示。

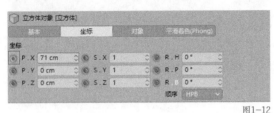

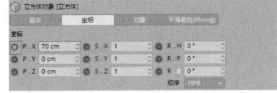

图1-12　　　　　　　　　　　　　　　　　　图1-13

第3节　如何制作动画

本节将先通过制作一个立方体模型动画来讲解制作动画的4种方法，然后运用所讲的知识来制作小球弹跳动画。

知识点 1　手动记录活动对象动画

将时间滑块归零，选中立方体，激活时间线面板中的记录活动对象工具 ⊘ 添加关键帧，如图1-14所示。

将时间滑块拖到第10帧，在立方体属性面板中将"P.X"调整为"400cm"，将"R.B"调整为"100°"，如图1-15所示。

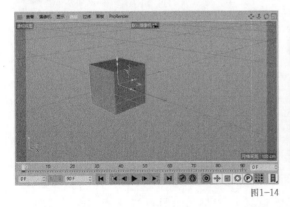

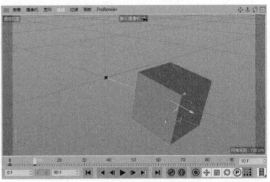

图1-14　　　　　　　　　　　　　　　　　　图1-15

再次激活时间线面板中的记录活动对象工具 ⊘ 添加关键帧，立方体的位移和旋转动画制作完成。

知识点 2 自动记录活动对象动画

将时间滑块归零，选中立方体，激活自动记录活动对象工具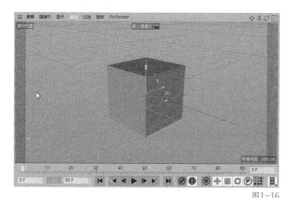，如图1-16所示。

当激活自动记录活动对象工具后，透视视图窗口中会出现红框，代表已经激活自动记录活动对象工具。

将时间滑块拖到第10帧，对立方体进行位移和旋转，如图1-17所示。立方体的位移和旋转动画制作完成。

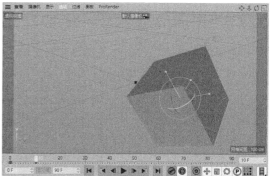

图1-16　　　　　　　　　　　　　　　　　　　　　　　　图1-17

再次单击时间线面板中的自动记录活动对象工具，可以关闭自动记录活动对象工具。

知识点 3 用关键帧记录活动对象动画

在立方体的坐标选项卡中单击立方体属性的关键帧按钮，为立方体当前属性添加关键帧，如图1-18所示。

将时间滑块拖到第10帧，对立方体进行位移和旋转，如图1-19所示。

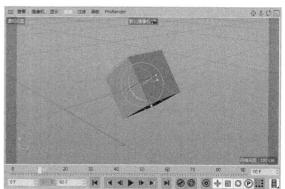

图1-18　　　　　　　　　　　　　　　　　　　　　　　　图1-19

在立方体的坐标选项卡中单击关键帧按钮，为立方体当前属性添加关键帧，如图1-20所示，立方体位移和旋转动画制作完成。

知识点 4 点级别动画

在编辑模式工具栏中单击"转为可编辑对象"按钮🔧把立方体转为可编辑对象，单击🔘按钮，如图1-21所示，把立方体切换到点级别模式。

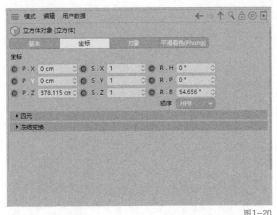

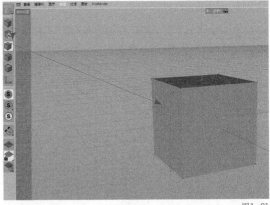

图1-20

图1-21

在时间线面板中激活点级别动画工具⊞并将时间滑块归零，激活记录活动对象工具⊘，如图1-22所示。

图1-22

在时间线面板中将时间滑块拖到第10帧，如图1-23所示。

选中立方体左上角的顶点，将其位移至图1-24所示的位置，再次激活记录活动对象工具⊘，为其添加关键帧记录点动画，点级别动画制作完成。

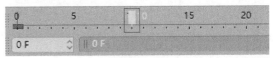

图1-23

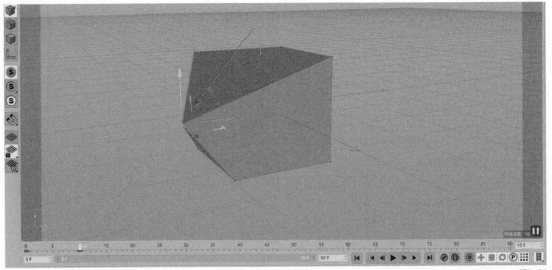

图1-24

知识点 5 制作小球弹跳动画

下面运用以上所讲的知识完成小球弹跳动画，如图1-25所示。

步骤如下

01 搭建场景。新建一个平面和一个球体，并将它们贴合放置，如图1-26所示。

图1-25

图1-26

02 将时间滑块归零，选中球体，在球体的坐标选项卡中单击P.Y前的关键帧按钮，如图1-27所示。

03 将时间滑块拖曳到第10帧，选中球体，将球体位移至图1-28所示位置。

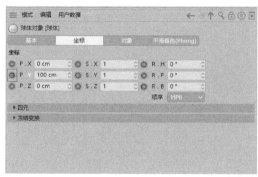

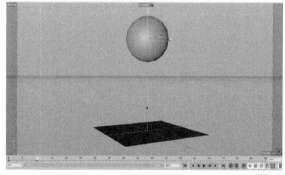

图1-27

图1-28

04 在球体的坐标选项卡中单击P.Y前的关键帧按钮，添加关键帧记录位移动画，如图1-29所示。

05 将时间滑块归零，将鼠标指针放到第20帧，按住Ctrl键并单击复制第一帧关键帧的属性，如图1-30所示，小球弹跳动画完成。

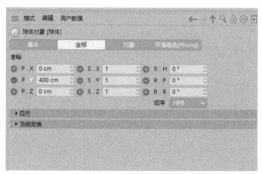

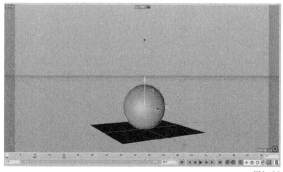

图1-29

图1-30

第4节 时间线窗口

在时间线窗口中不仅可以观察活动对象运动轨迹，还可以调整活动对象曲线及活动对象的速度。

知识点 1 时间线窗口的打开方法

打开时间线窗口的常用方法有以下3种。

• 在主菜单栏中执行"窗口–时间线（函数曲线）"命令，快捷键为Shift+Alt+F3，如图1-31所示。

• 在对象面板中，使用鼠标右键单击显示或隐藏层，执行"显示函数曲线"命令。如图1-32所示。

• 在属性面板中使用鼠标右键单击关键帧按钮，执行"动画–显示时间线窗口"命令，如图1-33所示。

图1-31

图1-32

图1-33

知识点 2 时间线窗口中的常用工具

"时间线窗口"中的工具栏如图1-34所示。

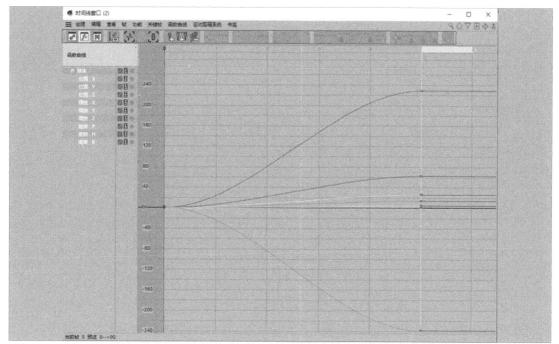

图1-34

框显所有工具 （快捷键为H）用于最大化显示全部曲线。

帧选取工具 （快捷键为S）用于最大化显示选取的当前帧曲线，如图1-35所示。

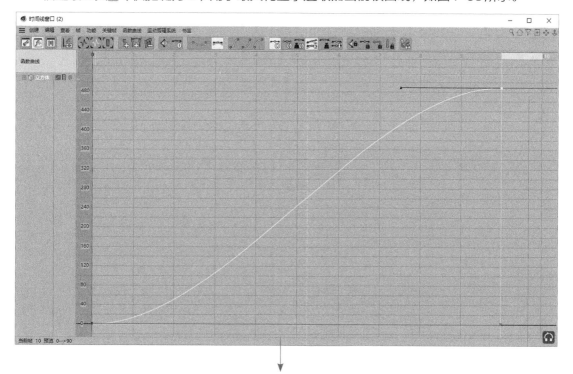

图1-35

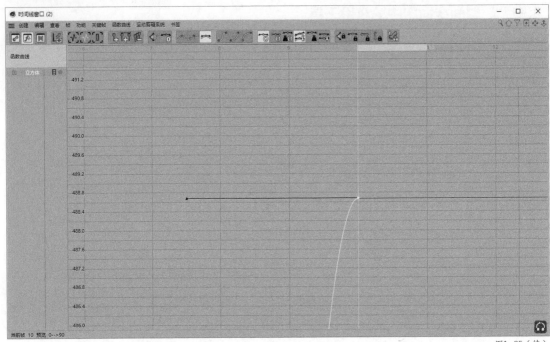

图1-35（续）

按住Alt键和鼠标右键的同时左右拖曳可以调整曲线大小。

在调整曲线时，激活零长度（相切）工具可以使曲线手柄归零，而且不会破坏下一个关键帧的曲线状态，如图1-36所示。

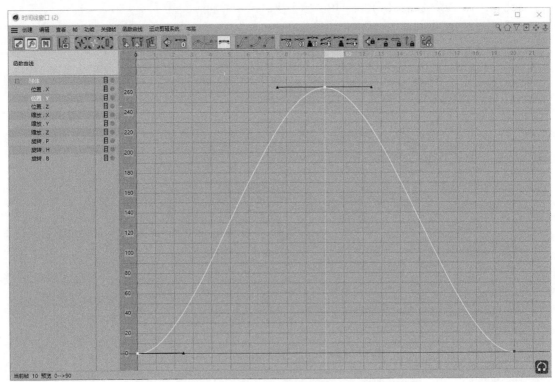

图1-36

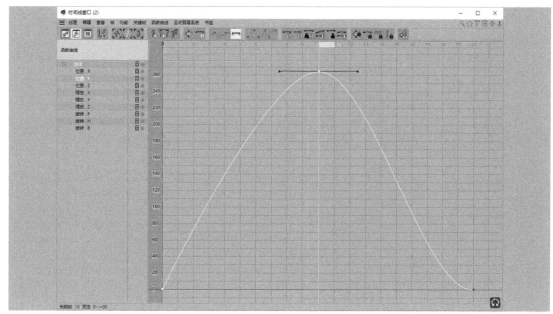

图1-36（续）

知识点 3 时间线函数曲线类型

"时间线窗口"中的数值曲线分别用红、绿、蓝3种颜色代表x、y、z轴。

位移、缩放和旋转分别都有3条曲线，如图1-37所示。

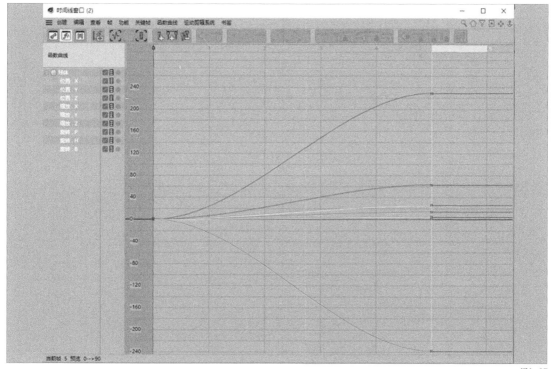

图1-37

在"时间线窗口"中，有5种类型的曲线工具，分别是线性工具、步幅工具、缓和处理工具、缓入工具和缓出工具。

● 线性工具用于将曲线变成直线，使模型从开始帧到结束帧做匀速运动，如图1-38所示。

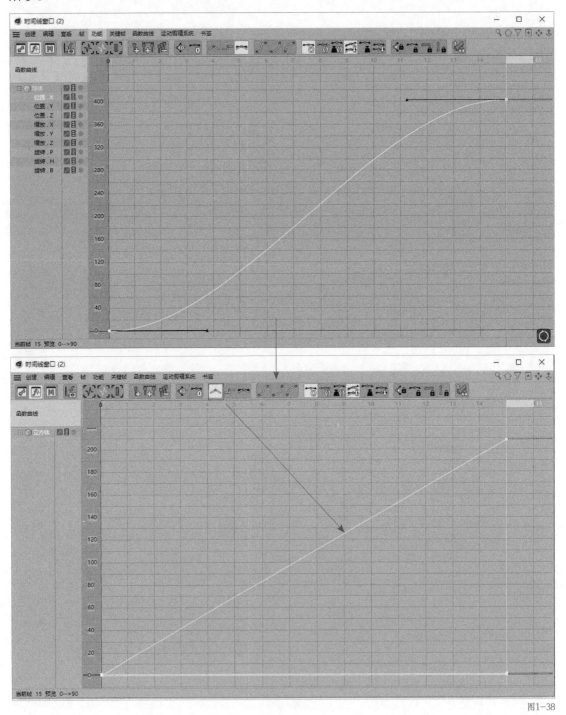

图1-38

● 步幅工具用于将曲线变成水平直线和垂直直线，如图1-39所示。这样模型在从开始帧到下一关键帧的过程中都是静止状态，到下一关键帧时，模型将直接移动到目标位置，形成跳跃的动画。

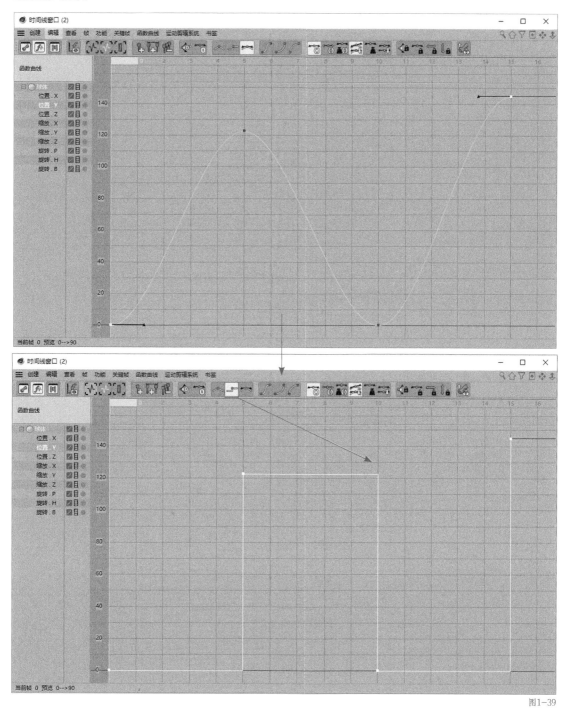

图1-39

• 缓入工具用于将曲线在停止前的弧度变缓，如图1-40所示。这样模型在开始阶段做匀速运动，到停止前做减速运动。

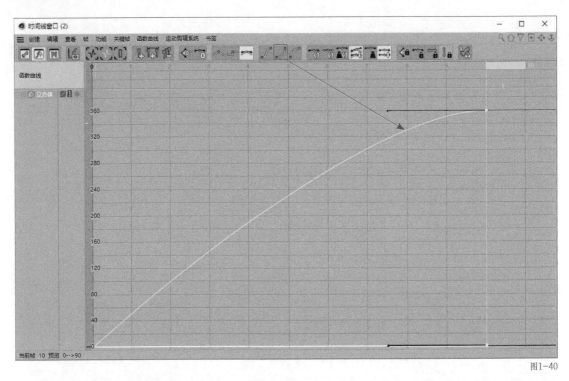

图1-40

• 缓出工具用于让曲线在开始阶段的弧度较小，如图1-41所示。这样模型在开始阶段做缓慢运动，到停止前做匀速运动。

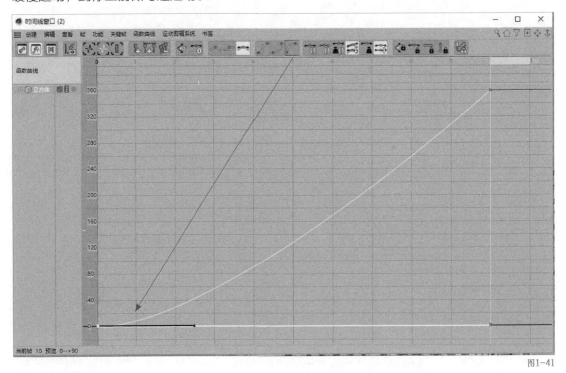

图1-41

• 缓和处理工具用于让曲线从开始到结束阶段的弧度都较小，如图1-42所示。这样模型的运动动画先加速后减速。

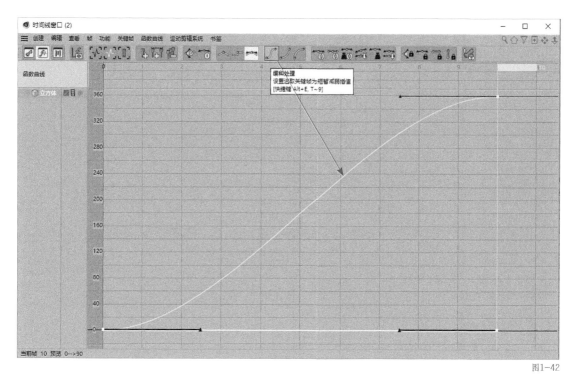

图1-42

还可以自由调整曲线，方法是按住Shift键选中曲线手柄的一端并拖曳，如图1-43所示。这样可以通过自定义曲线手柄的方向和长度来自由调整曲线。

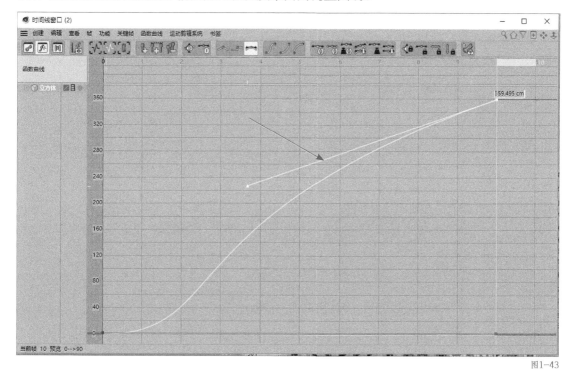

图1-43

曲线越接近水平状态，动画速度越慢；曲线越接近垂直状态，动画速度越快，如图1-44所示。

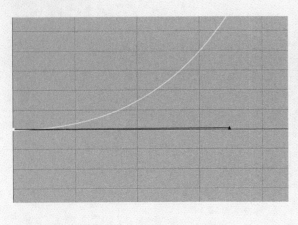 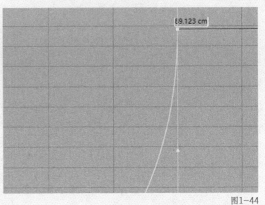

图1-44

先按快捷键Ctrl+A选择所有曲线，再使用相应工具，可以改变"时间线窗口"中所有曲线的类型。

本课练习题

1. 选择题

制作点级别动画时，需要激活哪个工具？（　　　）

A. 　　　　B. 　　　　C. Ⓟ　　　　D.

参考答案： D

2. 填空题

（1）在制作活动对象动画时，有_____种方法，分别是_____；_____；_____。

（2）在时间线窗口中调整函数曲线，将曲线调成越接近水平状态时，动画速度_____，将曲线调成越接近垂直状态时，动画速度_____。

参考答案：

（1）3；手动记录活动对象动画需要激活记录活动对象工具；自动记录活动对象动画需要激活自动记录关键帧工具；单击关键帧按钮记录活动对象动画

（2）越慢；越快

3. 操作题

请运用本课所学到的知识制作图1-45所示的台阶小球左右晃动动画。在本课学习素材包操作题的工程文件夹中选择并打开"台阶小球左右晃动.c4d"文件，如图1-46所示。请在此项目工程的基础上完成小球左右晃动动画。

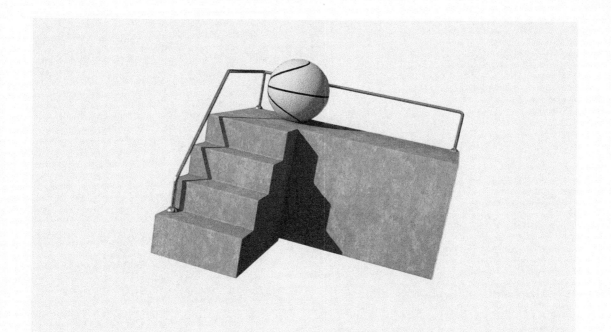

图1-45

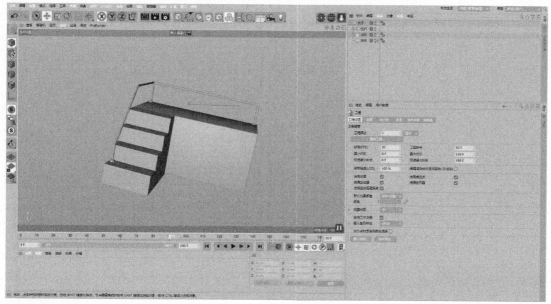

图1-46

操作题要点提示

① 制作动画时，先制作台阶动画，再制作小球动画。

② 制作完动画之后，要在"时间线窗口"中调整曲线来调整台阶和小球的运动速度。

第 **2** 课

摄像机

摄像机是拍摄影片时不可或缺的工具，是影像动画的重要组成部分。有了摄像机，摄像师才能拍摄出眼前的事物呈现给观众。

与现实相同，三维软件中的摄像机也起到举足轻重的作用，三维作品的好坏取决于摄像机运用得是否得当。

本课将详细讲解摄像机的属性及应用。

本课知识要点
◆ 摄像机常用类型及应用
◆ 摄像机常用参数及应用

第1节 摄像机常用类型及应用

Cinema 4D中提供了多种摄像机，以供不同场景使用。从操作类型上，可以将摄像机分为单点摄像机与目标摄像机两大类。

在Cinema 4D中，活动视图窗口就是一台默认的摄像机，可以用来观察场景中的变化。但在实际的动画制作过程中，并不能通过关键帧来记录默认摄像机的运动过程。所以，还需要创建一个新的摄像机来辅助动画制作。

在工具栏中单击"摄像机"按钮 创建摄像机对象。摄像机会以当前活动视图窗口作为新建摄像机的初始位置，但场景中的视角依然是默认摄像机的视角。在对象面板中单击摄像机后面的 按钮，可以在默认摄像机和摄像机对象之间进行视角切换，如图2-1所示。

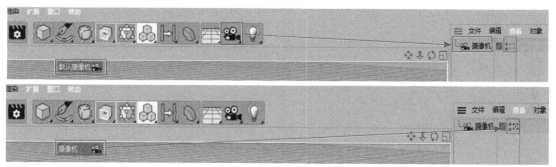

图2-1

在制作项目的过程中，因为场景环境不同，所以需要使用不同的摄像机来制作不同的动画。

快速创建不同类型摄像机的方法如下：在工具栏中长按"摄像机"按钮，然后选择需要使用的摄像机类型即可，如图2-2所示。

为了便于调整摄像机，可将视图调整为"双并列视图"，在透视视图窗口的菜单栏中执行"面板-排列布局-双并列视图"命令即可。在顶视图窗口的菜单栏中执行"摄像机-透视视图"命令，可将顶视图更改为透视视图，方便后续对摄像机位置进行调整，如图2-3所示。

图2-2

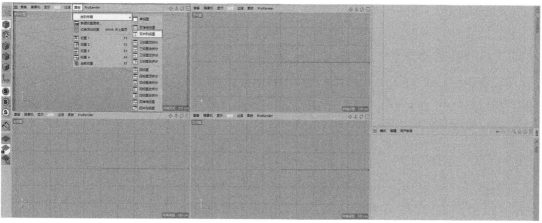

图2-3

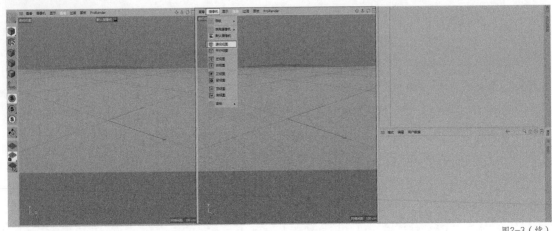

图2-3（续）

本节将通过制作一个立方体模型动画，讲解如何使用单点摄像机和目标摄像机制作动画。

知识点1 单点摄像机

本知识点讲解4种使用单点摄像机制作摄像机动画的基本操作——推、拉、摇、移。

1. 推、拉镜头制作方法

在工具栏中长按"摄像机"按钮
，选择摄像机，如图2-4所示，
进入摄像机视图。

在时间线面板中将时间滑块归
零，激活记录活动对象工具，记
录摄像机的开始位置信息，如图2-5
所示。

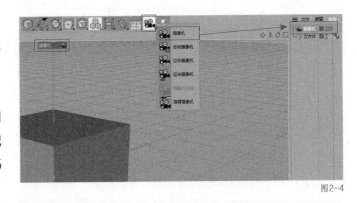

图2-4

图2-5

在时间线面板中将时间滑块拖曳到第20帧。在透视视图中，按住Alt键和鼠标右键向右拖
曳，镜头将拉近，这就是推镜头。激活记录活动对象工具，记录摄像机的结束位置信息。按
快捷键F8可播放动画，如图2-6所示。

按住Alt键和鼠标右键向左拖曳，镜头将拉远，这就是拉镜头。激活记录活动对象工具，
记录摄像机的结束位置信息，如图2-7所示。

推镜头使镜头推近，拉镜头使镜头拉远。

2. 摇、移镜头制作方法

在工具栏中长按"摄像机"按钮，选择摄像机，进入摄像机视图，如图2-8所示。

在时间线面板中将时间滑块归零，激活记录活动对象工具，如图2-9所示。

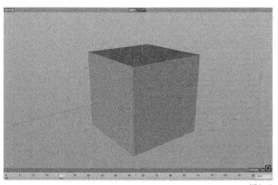

图2-6　　　　　　　　　　　　　　　　　　图2-7

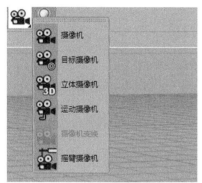
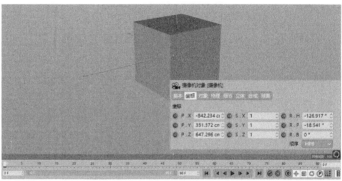

图2-8　　　　　　　　　　　　　　　　　　图2-9

在时间线面板中将时间滑块拖曳到第20帧。在透视视图中，按住Alt键和鼠标左键旋转，镜头将旋转，这就是摇镜头。激活记录活动对象工具，如图2-10所示。

在透视视图中，按住Alt键和鼠标滚轮做上、下、左、右位移，镜头将平移，这就是移镜头。激活记录活动对象工具，如图2-11所示。

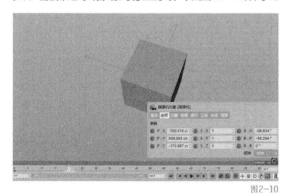
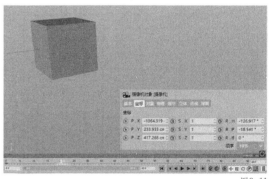

图2-10　　　　　　　　　　　　　　　　　　图2-11

完成单点摄像机推、拉、摇、移的4种动画之后，在时间线面板中单击"向前播放"按钮▶（快捷键为F8），会发现摄像机动画带有缓入缓出效果。如果将这种带有缓入缓出效果的动画组接在一起的话，给观众带来的视觉感受是动画不够流畅，镜头的连贯性看起来不够强。在三维软件中，所有动画默认都是缓入缓出动画。因此，为保证动画的流畅性，需要将摄像机动画改为匀速动画，对摄像机动画的函数曲线进行编辑。

在对象面板中选中摄像机，然后在主菜单栏中执行"窗口-时间线（函数曲线）"命令（快捷键为Shift+Alt+F3），如图2-12所示。

在时间线窗口中单击"框显所有工具"按钮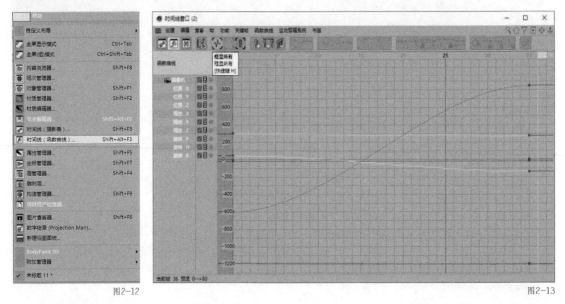（快捷键为H），把所有曲线最大化显示，如图2-13所示。

图2-12

图2-13

按快捷键Ctrl+A选中所有曲线，单击"线性工具"按钮，改变缓入缓出效果为线性效果，如图2-14所示。

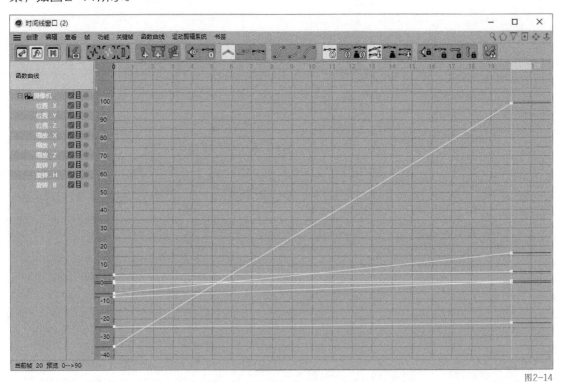

图2-14

将摄像机函数曲线改为线性后，按快捷键F8播放动画时，看到的就是匀速动画了。这样，当几个镜头组接在一起后，摄像机动画看起来就会流畅很多。

制作多个镜头的推、拉、摇、移的动画后，需要对所有动画进行组接。针对这个工作，

Cinema 4D为用户提供了舞台工具，方便用户对最终动画进行整体的组接工作。在知识点6中会详细讲解舞台工具的使用方法。

知识点2 目标摄像机

图2-15

目标摄像机在摄像机的基础上加入了目标表达式标签，同时增加了"摄像机目标.1"对象，可使摄像机的调节操作更加便捷。

在工具栏中长按"摄像机"按钮，选择"目标摄像机"，如图2-15所示。

通过调整"摄像机目标.1"对象的位置，可以随意更改目标摄像机的拍摄角度，如图2-16所示。

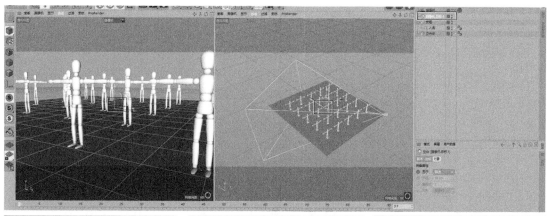

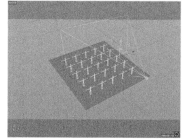 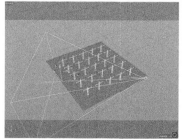 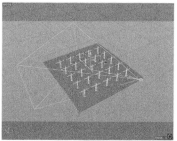

图2-16

"摄像机目标.1"对象可以使摄像机在任何位置都拍摄同一目标。

在透视视图中选中摄像机，任意挪动摄像机，摄像机始终朝向摄像机目标位置，如图2-17所示。

 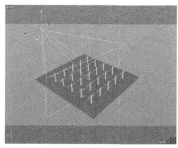 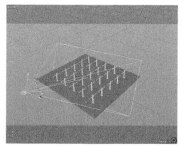

图2-17

下面讲解如何使用目标摄像机制作动画。

在工具栏中长按"摄像机"按钮，选择"目标摄像机"，如图2-18所示。

在工具栏中选择画笔工具 ，绘制一个圆环。在圆环的对象选项卡中将"半径"调整为"800cm"，将"平面"调整为"XZ"，如图2-19所示。

在对象面板中选中摄像机，单击鼠标右键，执行"动画标签－对齐曲线"命令，如图2-20所示。

在对象面板中选中对齐曲线标签，将圆环拖曳至对齐曲线属性面板中的"曲线路径"右侧框内，如图2-21所示。

在对齐曲线的属性面板中，"位置"控制摄像机绕摄像机目标点1旋转，如图2-22所示。

图2-18

图2-19

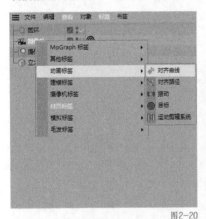

图2-20

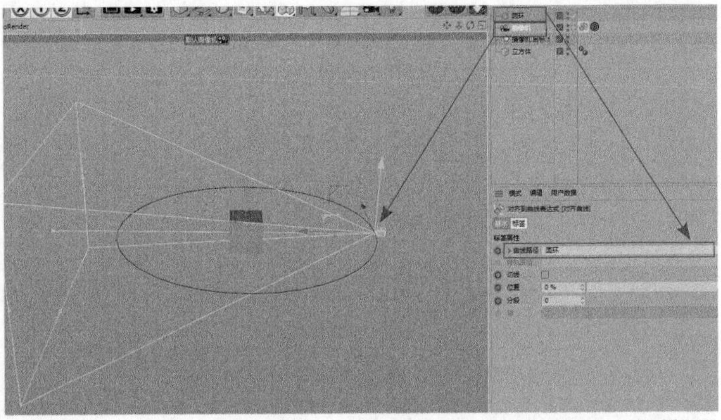

图2-21

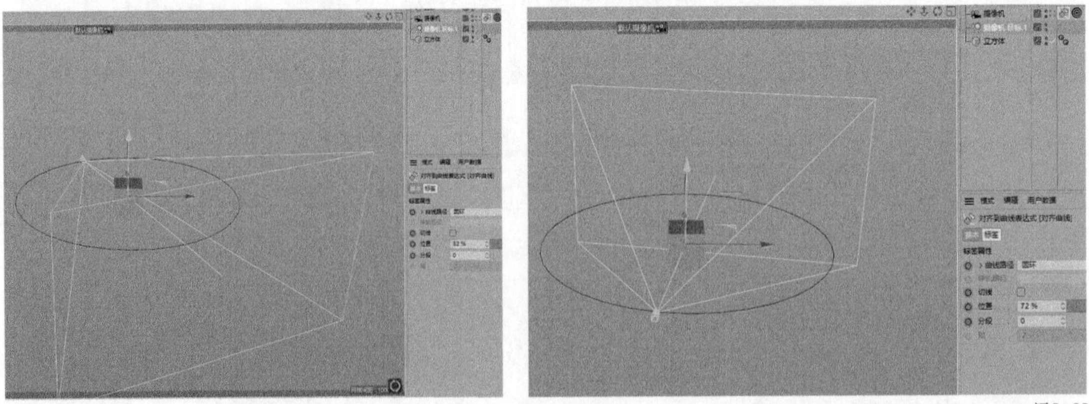

图2-22

圆环的上、下位移和缩放控制摄像机俯拍和仰拍的角度，如图2-23所示。

提示 目标摄像机的控制技巧同单点摄像机一样，单击"进入摄像机"按钮可以实现便捷操作。目标摄像机视角会始终朝向目标对象，受目标对象位置限制。

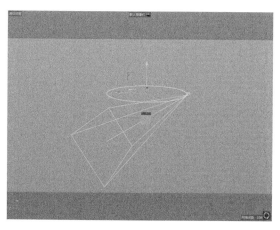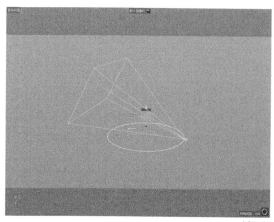

图2-23

知识点3 运动摄像机

运动摄像机可以通过设置参数来模拟现实生活中手持摄像机拍摄的晃动效果，以增加镜头运动的真实感。

在工具栏中长按"摄像机"按钮，选择"运动摄像机"，如图2-24所示。

调整立方体位置，将其放在摄像机前方，如图2-25所示。切回摄像机视角，单击"向前播放"按钮，画面出现抖动效果。

下面以单点摄像机为例来模拟运动摄像机的效果。

在工具栏中长按"摄像机"按钮，选择"摄像机"，进入摄像机视图，如图2-26所示。

图2-24

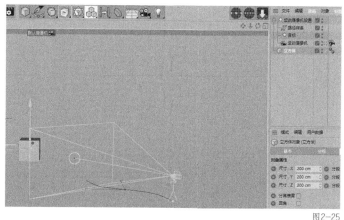

图2-25

图2-26

在对象面板中选择摄像机，单击鼠标右键执行"动画标签-振动"命令，给摄像机添加振动标签，如图2-27所示。

在振动标签的属性面板中，勾选"启用位置"，将"振幅"调整为"10cm""10cm""10cm"，"频率"调整为"2"。"振幅"控制x、y、z轴振动的幅度大小，频率控制每秒振动几次，如图2-28所示。

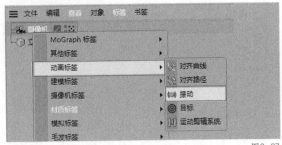

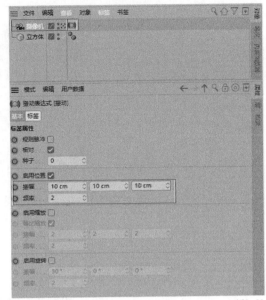

图2-27

图2-28

知识点 4　摄像机变换

在影片中摄像机的运动一般是稳定的，过于晃动的摄像机会影响观众的观感。这里讲解使用摄像机变换工具控制平滑运动动画的方式。

摄像机变换工具可以串联多个摄像机，使多个摄像机之间，产生路径轨迹并形成平滑运动。

在主菜单栏中，执行"文件－打开项目"命令，找到"摄像机变换案例"并将其打开。

在工程中，建立3个不同的摄像机，分别拍摄模型的左侧、右侧和正视全图，如图2-29所示。

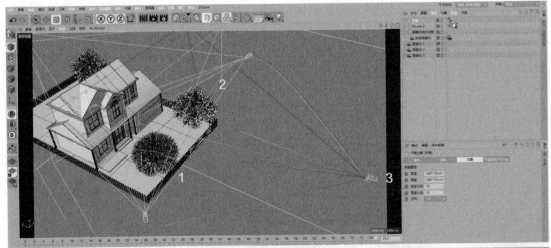

图2-29

在对象面板中，按顺序选择3个摄像机后，在工具栏中长按摄像机工具，选择"摄像机变换"，如图2-30所示。

图2-30

> **提示** 首先，选中3个需要被摄像机变换关联的摄像机对象，创建摄像机变换后，3个摄像机对象会自动加载至摄像机变换属性面板中标签下的源摄像机列表，如图2-31所示。

在对象面板中，进入变换摄像机视图。选择变换摄像机标签，在时间线面板中将时间滑块归零。在属性面板中选择标签，单击混合前面的关键帧按钮，记录当前变换摄像机属性，如图2-32所示。

在时间线面板中将时间滑块拖曳至第75帧，属性面板中将"混合"调整为"100%"，单击"混合"前面的关键帧按钮，记录当前变换摄像机属性，如图2-33所示。

图2-31

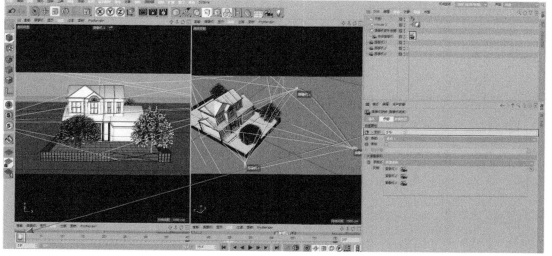

图2-32

因为有3个摄像机，所以当时间滑块在第0帧时，"混合"为"0%"的时候，代表摄像机1所在位置，如图2-34所示。

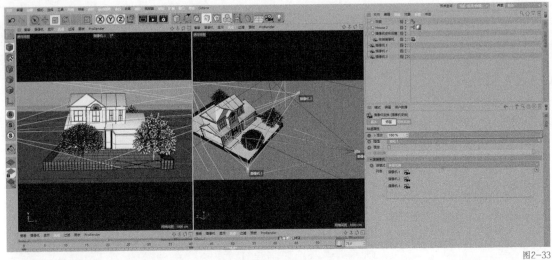

图2-33

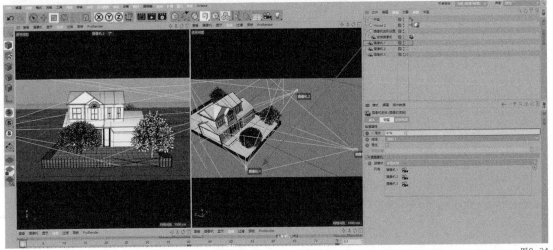

图2-34

当时间滑块在第40帧时，"混合"为"50%"的时候，代表是摄像机2位置，并在当前时间线位置给属性面板中的混合添加关键帧，如图2-35所示。

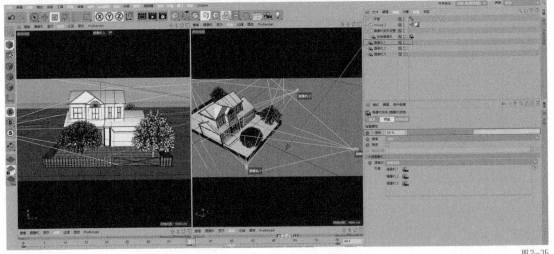

图2-35

当时间滑块在第75帧时，"混合"为"100"的时候，代表是摄像机3位置，如图2-36所示。

知识点5 舞台

舞台工具用于切换多个摄像机，以实现多机位拍摄的效果。

在场景中创建基础模型人偶，分别在其左侧、

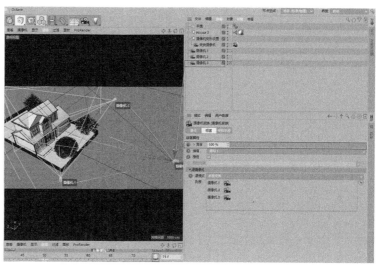

图2-36

右侧和正面创建3个单点摄像机。同时，分别为3个摄像机在0～30帧、30～60帧和60～90帧范围内制作向前推近的动画，如图2-37所示。

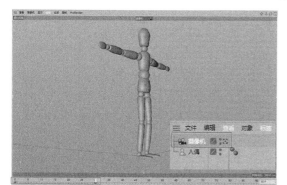
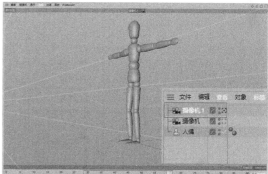
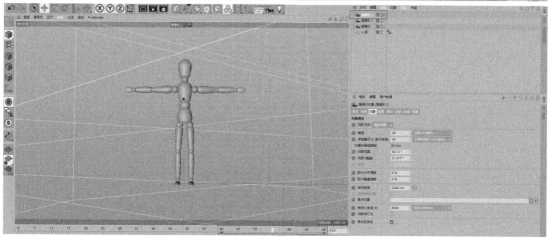

图2-37

按照知识点1中所学的知识，将摄像机函数曲线调整为线性。

在工具栏中长按"地面"按钮，选择"舞台"，在属性面板中选中舞台对象，如图2-38所示。

在时间线面板中将时间滑块归零，将对象面板中的"摄像机"拖曳至舞台对象属性面板的"摄像机"右侧框中；单击摄像机关键帧按钮，记录当前摄像机位置属性，如图2-39所示。

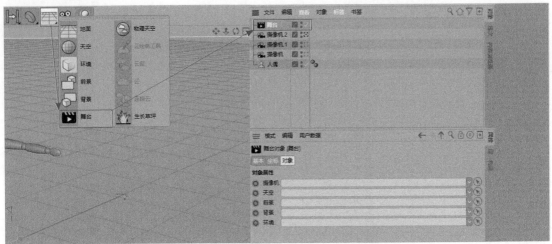

图2-38

在时间线面板中将时间滑块拖曳至"摄像机.1"关键帧开始处，也就是第30帧处，将对象面板中的"摄像机.1"拖曳至舞台对象属性面板的"摄像机"右侧框中；单击摄像机前面的关键帧按钮，记录当前摄像机位置属性，如图2-40所示。

在时间线面板中将时间滑块拖曳"摄像机.2"关键帧开始处，也就是第60帧处，将对象面板中的"摄像机.2"拖曳至舞台对象属性面板的"摄像机"右侧框中；单击摄像机前面的关键帧按钮，记录当前摄像机位置属性，如图2-41所示。

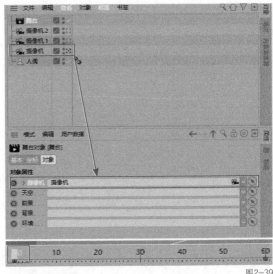

图2-39

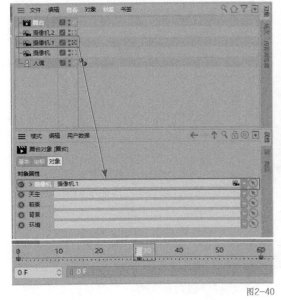

图2-40

图2-41

在时间线面板中将时间滑块归零，单击"向前播放"按钮，舞台工具就可以把3个独立摄像机拍摄的动画串联起来。舞台工具常在多机位镜头组接类动画拍摄时使用。

第2节 摄像机常用参数及应用

在透视视图中创建摄像机对象后，在其属性面板中会显示摄像机的所有参数，如图2-42所示。

知识点 1 对象

属性面板对象选项卡中的参数主要用于设置摄像机的基本透视关系，包括摄像机的焦距、目标距离及焦点对象等。

"焦距"用来控制摄像机对场景的透视影响。焦距越大，透视影响越小；焦距越小，透视影响越大，如图2-43所示。

"目标距离"及"焦点对象"可与细节选项卡中的参数配合渲染深度通道，在后期软件中制作景深效果，在知识点3中会具体讲解。

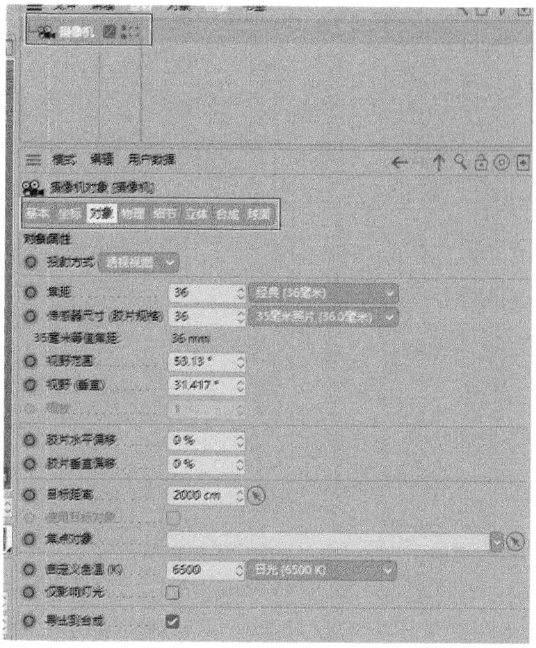

知识点 2 物理

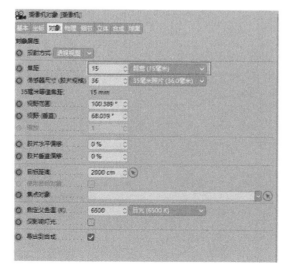

图2-42

物理选项卡中的参数会影响影片的运动模糊和景深，前提是在"渲染设置"窗口中选择"物理"渲染器。在"渲染设置"窗口的物理面板中，勾选"景深"与"运动模糊"，这些参数才会在渲染中起到作用，如图2-44所示。

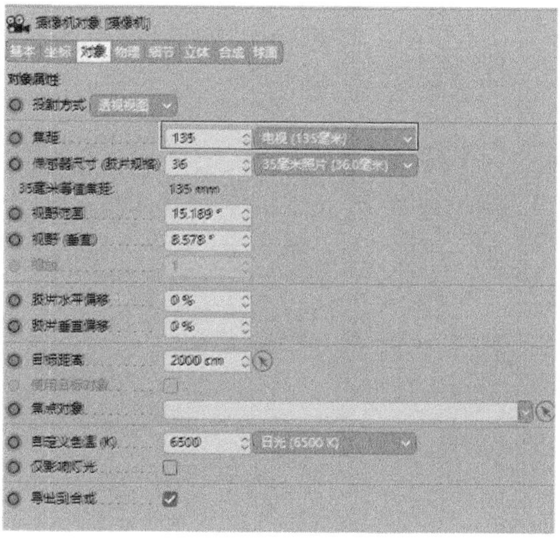

图2-43

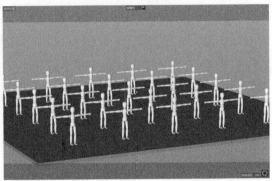

图2-43（续）

在拍摄运动物体时，"快门速度"的数值越小，运动模糊越弱；数值越大，运动模糊越强，如图2-45所示。

摄像机物理选项卡中的"光圈"值，用于在物理渲染器中控制景深的大小。"光圈"数值越小，景深越大；数值越大，景深越小，如图2-46所示。

对象选项卡中的"目标距离"及"焦点对象"可以控制画面不受景深模糊的影响，即设置画面焦点。拖曳指定模型到"焦点对象"中即可完成焦点的设置。

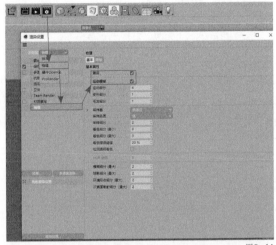

图2-44

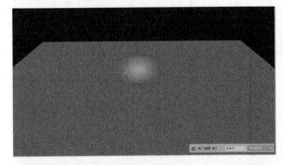

图2-45

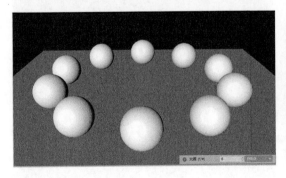
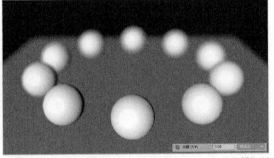

图2-46

知识点 3 细节

细节选项卡中的参数主要用来控制在标准渲染器下渲染景深通道的效果，用于在后期软件中制作景深效果（合成方法在第5课"渲染输出设置"中会详细介绍）。

在摄像机属性面板中选择对象选项卡，将"目标距离"调整为场景边缘位置。切换到细节选项卡，勾选"景深映射-前景模糊"选项，将"终点"调整为场景中最近的位置，如图2-47所示。

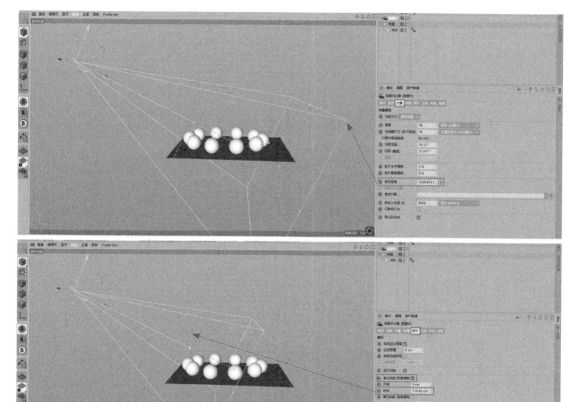

图2-47

在工具栏中激活编辑渲染设置工具 ⚙，在"渲染设置"窗口中选择标准渲染器，勾选"多通道"，单击"多通道"按钮选择"深度"，如图2-48所示。

在工具栏中激活渲染到图片查看器工具 ▶，在"图片查看器"窗口中选择层选项卡的"单通道"列表框中的"深度"选项，即可看到深度贴图，如图2-49所示。

知识点 4 合成

摄像机设置好后，还可以根据需要为摄像机画面添加不同的参考线，以满足构图需要，如图2-50所示。

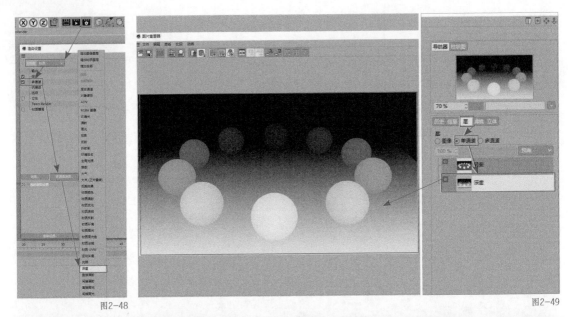

图2-48

图2-49

图2-50

本课练习题

1. 选择题

（1）单点摄像机和目标摄像机的区别是（　　　）。

A. 单点摄像机受环境限制，只能拍摄目标对象

B. 目标摄像机只能拍摄目标对象

C. 单点摄像机可以做绕轴动画

D. 目标摄像机可以自由移动视角

（2）摄像机的景深靠什么属性控制？（　　　）

A. 光圈　　　　　　B. 效果中的景深　　　　　C. 多通道的深度

参考答案：

（1）C （2）A

2. 操作题

本题要求熟练掌握摄像机的使用方法，灵活运用舞台工具，利用提供的模型场景制作摄像机动画，效果如图2-51所示。

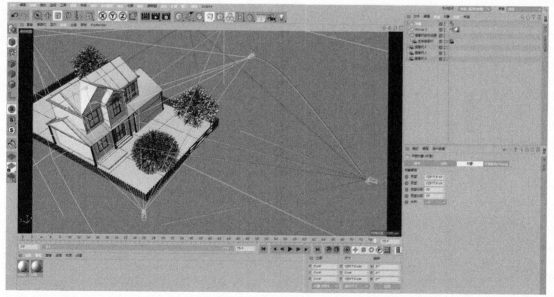

图2-51

操作题要点提示

① 合理运用摄像机的推、拉、摇、移制作动画并设置曲线为线性。

② 运用舞台工具对摄像机动画进行组接并制作动画拍屏。

第 **3** 课

灯光系统

光是现实生活中不可或缺的元素，是人类认识世界的重要媒介。有了光的存在，才能看见眼前的事物。与现实世界相同，三维世界中灯光也起到重要的作用。有了光才能把作品呈现给观众。三维作品的好坏取决于灯光运用是否得当。

本课将详细讲解灯光的属性及应用。

本课知识要点

◆ 灯光类型

◆ 灯光的常用参数及应用

◆ 灯光应用技巧

第1节 灯光类型

Cinema 4D中提供了多种灯光，以供不同场景使用。按照灯光类型可以分为"泛光灯""聚光灯""远光灯""区域光"4种。

新建工程时，场景中会自带一个"默认灯光"，便于用户观察场景。

单击工具栏中的"渲染设置"按钮，在弹出的窗口中单击"选项"，"默认灯光"选项在默认情况下是被勾选的。单击"渲染活动视图"按钮可以对灯光进行测试，勾选"默认灯光"选项与取消勾选"默认灯光"选项的对比效果如图3-1所示。

> **提示** 新建工程渲染不出模型时，应检查默认灯光是否勾选。

当在场景中创建了新的灯光时，默认灯光效果会自动关闭，场景中只留下用户新创建的灯光效果。

单击工具栏中的"灯光"按钮，创建一个灯光对象。这时，场景中就会以灯光对象的效果为主，默认灯光效果会自动关闭，如图3-2所示。

在制作项目的过程中，因为

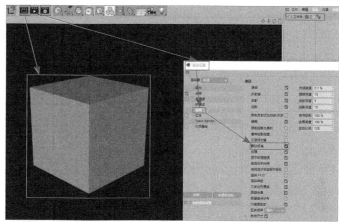
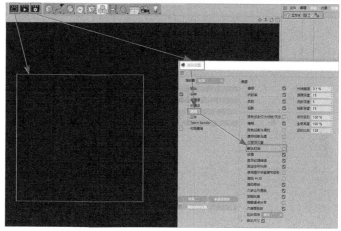

图3-1

场景环境不同，所以在布光时需要使用不同的灯光来配合用户快速完成场景布光。

快速创建不同类型灯光的方法如下：长按工具栏中的"灯光"按钮，选择需要使用的灯光类型，如图3-3所示。

为了便于灯光的调整，将视图调整为"双并列视图"，在透视视图窗口的菜单栏中执行"面板-排列布局-双并列视图"命令即可。然后在顶视图窗口的菜单栏中执行"摄像机-透视视图"命令，将顶视图窗口更改为透视视图，方便后续对灯光进行调整，如图3-4所示。

知识点1 灯光

灯光属于泛光灯类型，其光线从单一点向四周传播，类似于现实生活中的灯泡。

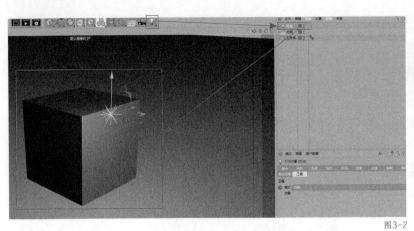

图3-2   图3-3

在主菜单栏中执行"文件－打开项目"命令，导入本课提供的"灯光放射球体"文件。创建摄像机并固定好摄像机的角度，观察灯光效果的变化。

在工具栏中单击"灯光"按钮，完成灯光对象的创建，并将其沿着 y 轴向上移动，使灯光能照亮场景。

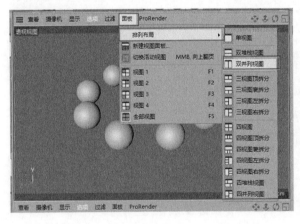

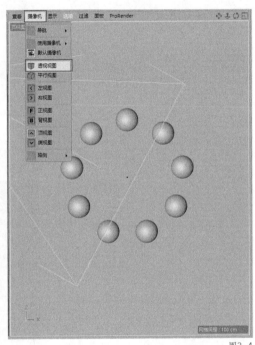

图3-4

移动过程中会发现，灯光位置离模型的距离越远，照射范围也越大，如图3-5所示。

将"灯光"作为主光源使用时，选择灯光对象，在灯光对象的投影选项卡中将"投影"更改为"阴影贴图（软阴影）"，即可开启投影效果，如图3-6所示。

提示 常用的"投影"类型为"阴影贴图（软阴影）"和"区域"。

为了便于观察视图变化，可以根据视图变化调整投影角度。

在活动视图窗口的菜单栏中执行"选项－投影"命令，即可在活动视图中显示投影，如图3-7所示。

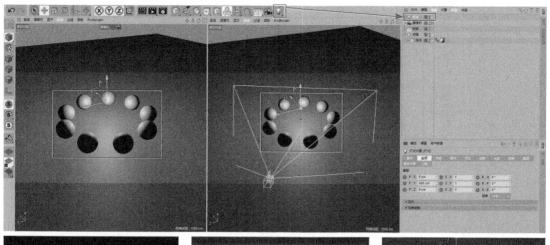

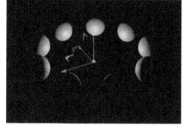
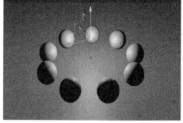
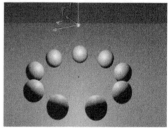

图3-5

将"灯光"作为辅助光使用时，选择灯光对象，在灯光对象的细节选项卡中将"衰减"更改为"平方倒数（物理精度）"，即可将其作为局部补光灯使用，如图3-8所示。

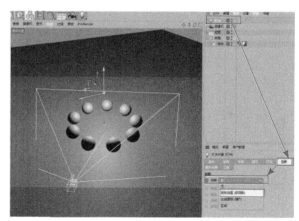

> **提示** 投影在活动视图窗口中的显示对于所有主光源类型灯光都可用，但是活动视图中的投影仅限于对投影方向进行调整时使用，不能作为最终的投影显示效果，最终的投影效果以渲染结果为准。

图3-6

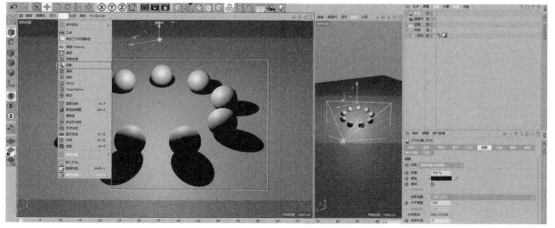

图3-7

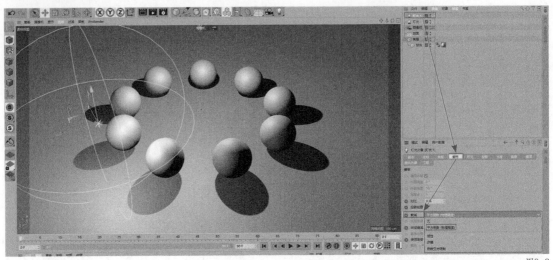

图3-8

知识点 2 点光

点光又叫"聚光灯",它的光线会向一个方向成倒锥形传播,类似于现实生活中的手电筒及舞台上的追光灯。

长按工具栏中的"灯光"按钮 💡,在灯光工具组中选择"点光"即可创建点光,如图3-9所示。

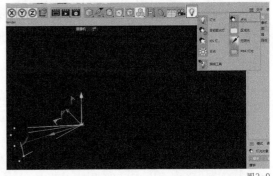

图3-9

为了便于调整点光,Cinema 4D为用户提供了一种便捷的操作方法,即通过自定义透视视图中的"设置活动对象为摄像机"命令来实现对灯光角度的自由控制。

在选中对象面板中"灯光"对象的前提下,在右侧的透视视图菜单栏中执行"摄像机-使用摄像机-设置活动对象为摄像机"命令,之后就能像定义摄像机角度一样定义点光的照射角度及范围,如图3-10所示。

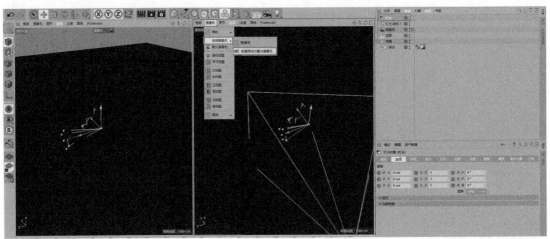

图3-10

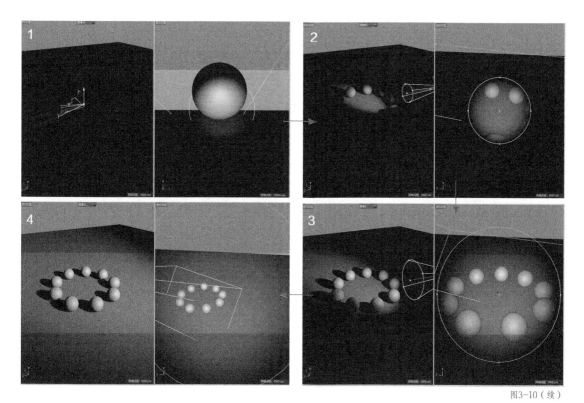

图3-10（续）

知识点 3 目标聚光灯

目标聚光灯就是在点光的基础上加入了目标表达式标签，同时增加了"灯光目标.1"对象，使灯光在调节的过程中更加便捷。

长按工具栏中的"灯光"按钮 ，选择"目标聚光灯"，同时开启投影效果和活动视图以显示投影，如图3-11所示。

图3-11

调整"灯光目标.1"对象的位置，可以随意更改目标聚光灯的照射对象，如图3-12所示。

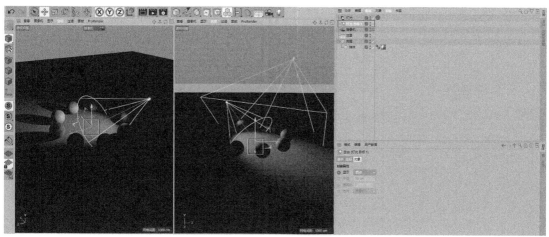

图3-12

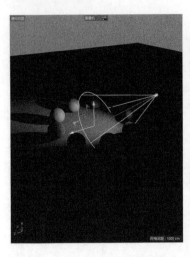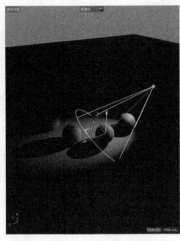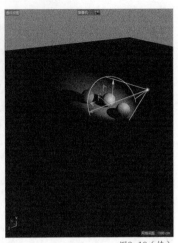

图3-12（续）

"灯光目标.1"对象可以使灯光在任何角度都指向同一目标位置。

选中"灯光"对象，任意挪动灯光，灯光会始终朝向其目标位置，如图3-13所示。

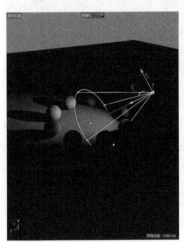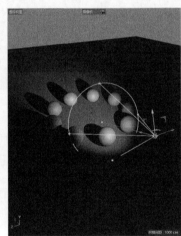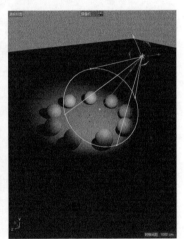

图3-13

知识点 4　区域光

区域光的光线沿着一个区域向四周发散。区域光属于高级光源类型，常用来模拟从窗户照射进室内的光线，其光线十分柔和、均匀，如图3-14所示。

长按工具栏中的"灯光"按钮，选择"区域光"，如图3-15所示。

> **提示**　区域光的控制技巧同点光一样，通过自定义透视视图中的"设置活动对象为摄像机"命令可以实现便捷操作。

知识点 5　IES 灯光

IES灯光利用灯光贴图来模拟可见灯光的效果，例如室内的射灯产生的光照效果，常用于模拟室内灯光表现。

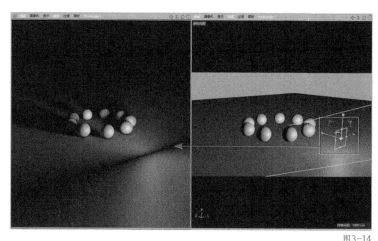

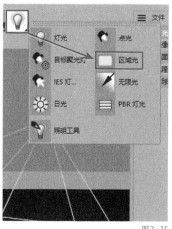

图3-14

图3-15

导入本课提供的"灯光案例-观音"文件，在此工程文件中进行操作。

长按工具栏中的"灯光"按钮，选择"点光"，如图3-16所示。

在灯光对象的常规选项卡中将"类型"调整为"IES"，如图3-17所示。

图3-16

图3-17

切换到灯光对象的光度属性面板中，再切换对象面板到内容浏览器面板，单击"查找"按钮，在"包含"后搜索"IES"。然后，在内容浏览器面板中选择相应的IES预置文件，将其添加到灯光光度属性面板中的光度数据中。完成创建，调整灯光位置，如图3-18所示。

调整灯光强度以匹配场景亮度，如图3-19所示。

知识点 6 无限光

无限光属于远光灯类型，其光照范围无限大，调整灯光位置不会影响光照变化，它仅通过"旋转"属性影响光线照射方向。远光灯的阴影比其他灯光的阴影更加明显、锐利。

长按工具栏中的"灯光"按钮，选择"无限光"，如图3-20所示。

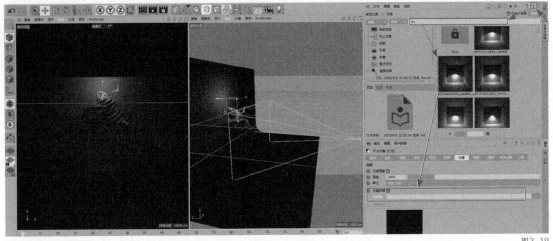

图3-18

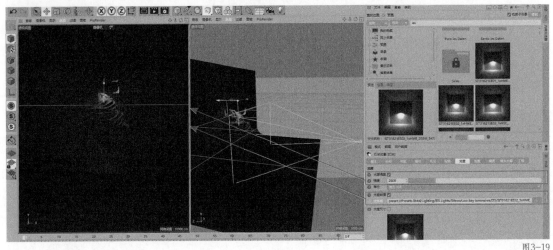

图3-19

通过调整"旋转"属性调整无限光的照射方向，打开"阴影贴图（软阴影）"和活动视图中的投影效果，如图3-21所示。

知识点 7 日光

日光就是在无限光的基础上增加了日光标签和太阳的表达式。调整日光标签属性面板中的时间属性，可以设定灯光的位置和颜色等，其他功能和无限光一样。

长按工具栏中的"灯光"按钮，选择"日光"，如图3-22所示。

日光的调整相对来说要特殊一点，手动对灯光进行位移和旋转调整都是不起作用的。因为日光本身基于无限光，并加入了太阳表达式标签，所以日光的参数调整受"太阳表达式"控制。

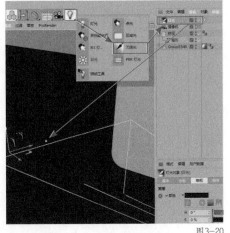

图3-20

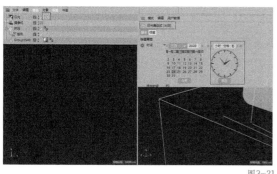

图3-21　　　　　　　　　　　　　　　　　　　　　　　图3-22

选择对象面板中的太阳表达式标签，在其标签属性面板中调整时间来改变光照的方向及颜色，如图3-23所示。

图3-23

知识点 8　PBR 灯光

PBR灯光是Cinema 4D基于ProRender渲染器，针对PBR材质单独设置的灯光系统，其用法类似于区域光。在ProRender渲染器的配合下光照效果更加细腻柔和。PBR灯光默认投影模式为"区域"模式，一般保持默认即可，如图3-24所示。

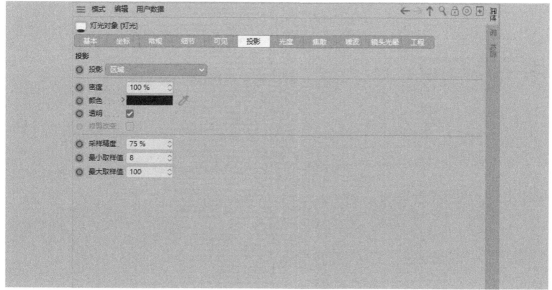

图3-24

长按工具栏中的"灯光"
按钮，选择"PBR灯光"，
同时配合"设置活动对象为摄
像机"命令辅助对灯光的角度
进行调节，如图3-25所示。

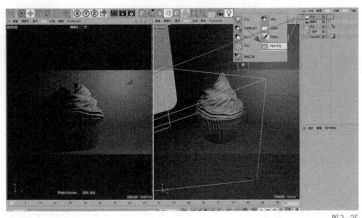

图3-25

第2节 灯光的常用参数及应用

在场景中创建一盏灯光对
象后，其属性面板中会显示该
灯光的所有参数，可用来调
整灯光的具体表现形式，如
图3-26所示。

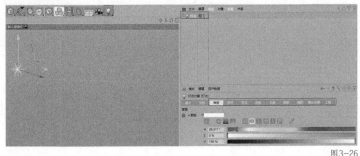

图3-26

知识点1 常规

常规选项卡中的参数主要用于设置灯光的基本属性，包括灯光的"颜色""类型""投影"
等参数。

"颜色"用来控制灯光对场景环境的颜色影响，可以起到冷暖对比的作用，让画面更加饱
满，将暖光作为主光源，冷光作为辅助光，辅助光要弱于主光源，如图3-27所示。

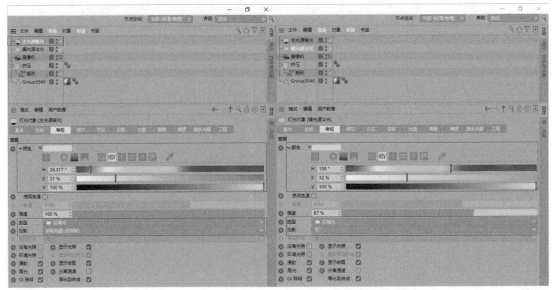

图3-27

图3-27（续）

在常规选项卡中，可以快速切换灯光类型及投影类型，为用户提供了便捷的操作方式，如图3-28所示。

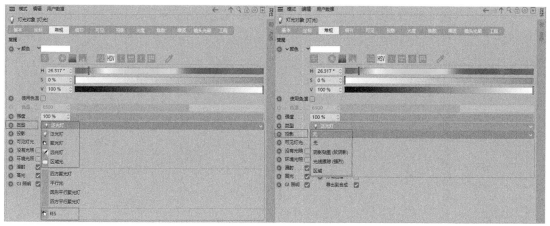

图3-28

知识点 2 细节

细节选项卡中的参数会因灯光的不同而有所改变。除了区域光之外，其他灯光的参数大致相同。

常用选项为"衰减"，衰减有限制光线范围的作用，常用"衰减"类型为"平方倒数（物理精度）"，多在复杂的灯光环境中用户需要为场景进行局部补光时使用，也可利用常规选项卡中的"颜色"选项进一步丰富画面颜色，如图3-29所示。

图3-29

知识点 3 可见

可见选项卡中的参数主要用来控制灯光本身的可见效果，多用于体积光的渲染，在活动视图窗口中灯光效果不可见。常用的4种灯光类型中，区域光和远光灯不具备该属性，只有泛光灯和聚光灯具备该属性。

使用前，需要将可见灯光调整为"可见"；通过"内部距离"和"外部距离"设置衰减距离；通过"衰减"控制衰减程度，默认为"100%"，如图3-30所示。

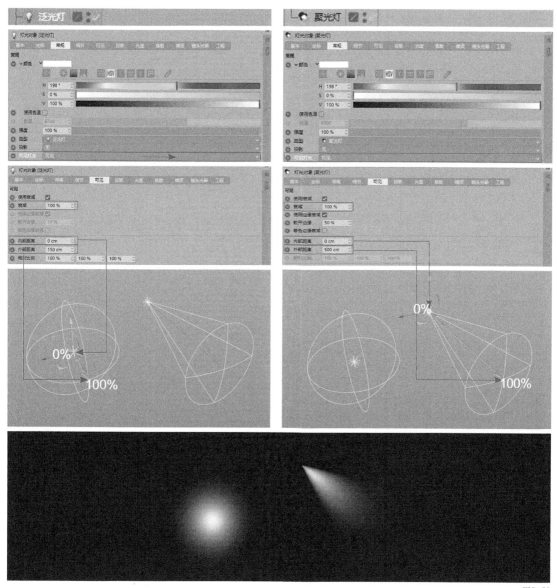

图3-30

知识点 4 投影

每种灯光都有4种投影方式，分别为"无""阴影贴图（软阴影）""光线追踪（强烈）""区域"，其中常用的是"阴影贴图（软阴影）"和"区域"。每种投影方式呈现效果各有不同。

创建区域光并调整照射角度，在灯光对象投影选项卡中将"投影"调整为"阴影贴图（软阴影）"。按快捷键Ctrl+R打开"交互式区域渲染（IRR）"，调整"精度"为"最高"，如

图3-31所示。

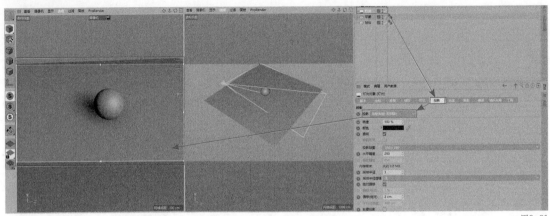

图3-31

由于默认贴图的精度较低，导致画面中的投影看起来缺乏真实感。将"投影贴图"调整为"1000×1000"，如图3-32所示，以增加贴图的精度。

可以看到，"投影贴图"的精度越高，投射出来的投影就越锐利。通常情况下，将"投影贴图"精度调整为"1500×1500"，基本能满足多数场景的需求，如图3-33所示。

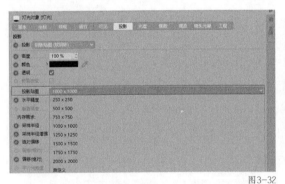

图3-32

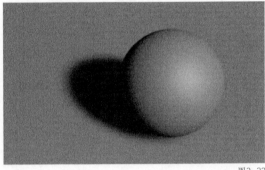

图3-33

"密度"决定阴影的显示强度，降低密度值可以降低投影强度，如图3-34所示。

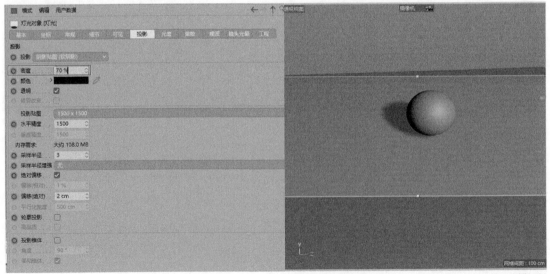

图3-34

在某些场景中，投影颜色并不一定就是黑色或者灰色，而可能会有一定的颜色倾向。这种情况下，可以利用"颜色"来影响投影的颜色，如图3-35所示。

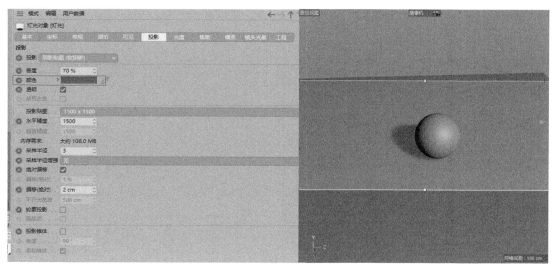

图3-35

知识点 5 光度

光度选项卡中的参数主要用来配合IES灯光进行灯光强度的调节，其中的参数也可用于其他灯光类型，如图3-36所示。

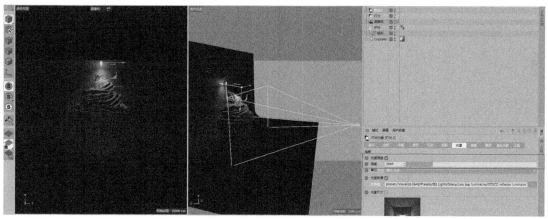

图3-36

知识点 6 焦散

焦散选项卡中的参数主要针对光线穿透透明物体时产生光子分散效果，经常配合渲染设置中"效果－焦散"使用。

知识点 7 噪波

噪波选项卡中的参数主要用于制造一些特殊的光照效果，将灯光对象的"噪波"调整为

"两者"，可简单模拟灯光雾效果，如图3-37所示。

图3-37

知识点 8 镜头光晕

镜头光晕选项卡中的参数用于模拟现实世界中摄像机镜头产生的光晕效果。

选择一个"辉光"类型，会在灯光的位置增加对应光斑效果，如图3-38所示。

图3-38

知识点 9 工程

工程选项卡中的"排除"和"包括"常用来指定模型是否接受灯光属性。

"包括"模式只对"对象"中包含的模型产生照明作用，"排除"模式不对"对象"中包含的模型产生照明作用，如图3-39所示。

第3节 灯光应用技巧

在现实生活中，光影是表现场景空间感的重要手段，布光合理的场景能帮助用户渲染出更好的建模作品。

图3-39

知识点1 三点布光

三点布光是一种基本的多灯布光法，一般用于小范围场景，布光时注意让场景和模型具备纵深感、质感、立体感、透视感和空间感。通常情况下需要创建主光源、辅助光和轮廓光。

主光源是场景的主要光线，照亮画面中的主要对象和周围区域，决定明暗关系及投影方向，对画面起到造型作用，如图3-40所示。

图3-40

辅助光用来补充主光源，照亮场景暗部并进一步丰富画面场景细节，同时配合主光源照出模型的明暗交界线，如图3-41所示。

轮廓光使模型与背景分离，进一步拉开空间关系，增加画面层次感，如图3-42所示。

三点布光位置示意及效果如图3-43所示。

图3-41

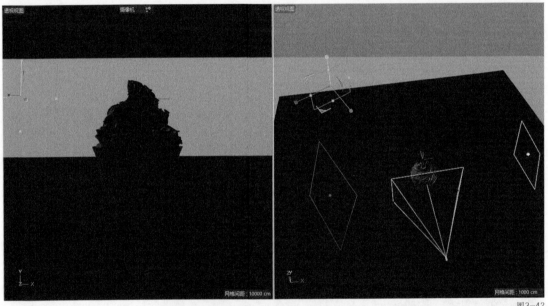

图3-42

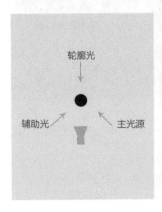

图3-43

知识点2 布光方法

基于三点布光的理论做出基础灯光效果后，结合HDRI全局光对场景细节进行补充照明，可让场景中的光感更加自然，如图3-44所示。

图3-44

第4节 制作小清新风格产品场景布光

小清新风格的视频包装在商业项目中应用得比较多，本节将就建立该风格的场景进行初步的布光讲解，为后续的材质及渲染打下良好的基础。

操作步骤

01 导入本课提供的"灯光材质－灯光"文件，如图3-45所示。

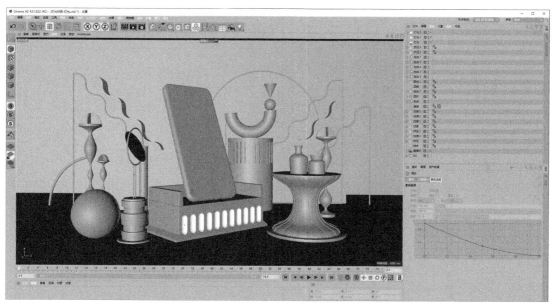

图3-45

02 创建主光源，确定照射位置并添加投影效果，如图3-46所示。

03 创建辅助光并确定照射位置，如图3-47所示。

图3-46

图3-47

04 创建轮廓光并确定照射位置，如图3-48所示。

05 单击"渲染设置"按钮 █，在"渲染设置"窗口中单击"效果"按钮，在弹出的列表中选择"全局光照""环境吸收"和"降噪器"后关闭"渲染设置"窗口。按快捷键Ctrl+R渲染活动视图，效果如图3-49所示。

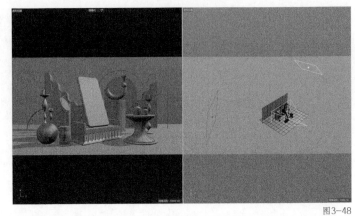

图3-48

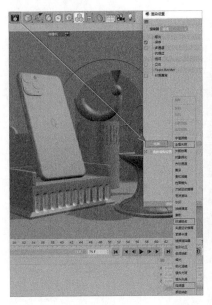

图3-49

本课练习题

1. 选择题

（1）活动视图中投影的开启方式为（　　）。

A. 在活动视图菜单栏中执行"选项－投影"命令

B. 主光源开启投影

C. 主光源开启投影，在活动视图菜单栏中执行"选项－投影"命令

D. 按快捷键Shift+R

（2）三点布光通常情况下是哪种光？（　　）

A. 主光源、辅助光和轮廓光

B. 主光源、辅助光和HDRI

C. 主光源、辅助光和日光

参考答案：

（1）C　（2）A

2. 操作题

本题要求熟练掌握灯光使用方法，灵活运用三点布光法为场景补光，最终效果如图3-50所示。

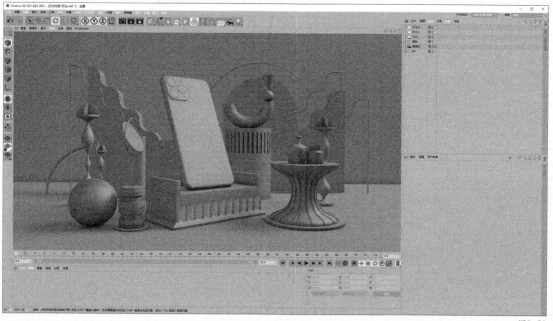

图3-50

> **操作题要点提示**
>
> 合理运用三点布光原理布置好主光源、辅助光和轮廓光。
>
> 添加"天空"HDRI贴图，用来辅助渲染设置窗口中全局光照效果，以补充细节。

第 **4** 课

材质系统

材质是指物体的材料和质感，材质在光下会表现出多种物理属性。这些属性包括色彩、纹理、光滑度、发射率、透明度、折射率和发光强度等。材质可以为三维软件中的模型赋予物理属性，让它们呈现出更加逼真的效果。

本课将对材质的调节方法进行详细的讲解。

本课知识要点
◆ 材质系统的构成
◆ 常见材质及应用

第1节 材质系统的构成

材质球、材质编辑器和材质标签是材质系统的3个重要组成部分。

知识点 1 材质球

材质球位于材质面板中，材质球可以表现物体的颜色、漫射、发光、透明和反射等特性，在三维作品中发挥着举足轻重的作用。

在材质面板中双击空白处即可创建默认材质球，如图4-1所示。

图4-1

知识点 2 材质编辑器

通过材质编辑器可以调节材质的颜色、漫射、发光、透明和反射等。双击材质球，即可打开"材质编辑器"窗口。

"材质编辑器"窗口分为材质预览区、材质通道和材质通道属性面板3个部分。在左侧勾选"通道"后，右侧会显示该通道的属性，如图4-2所示。

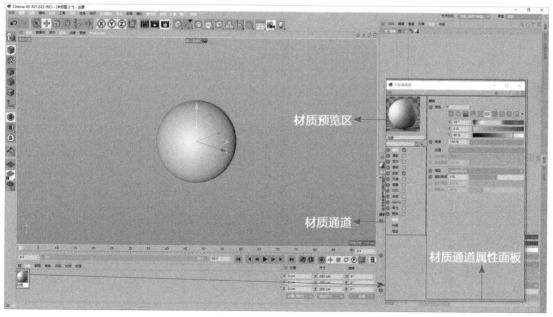

图4-2

知识点 3 材质标签

材质球创建后会出现材质标签，作用是关联材质和模型。

将材质面板中的材质球拖曳至相应对象上，即可为对象添加材质，如图4-3所示。

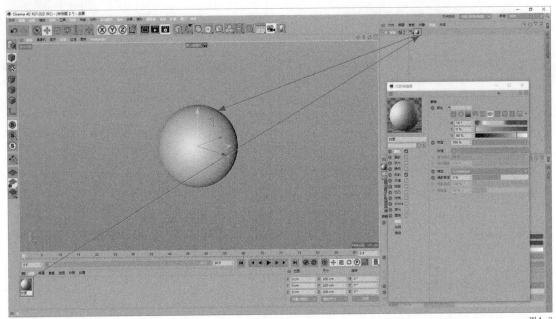

图4-3

第2节 漫射材质

漫射材质通常用来表现普通的布料、磨砂塑料、木材、水泥地面等表面粗糙的材质。

图4-4所示的红框中的部分就是常用到漫射材质的对象。

图4-4

导入本课素材包中的"灯光材质-灯光"工程文件，上节课已经为场景制作好灯光了，接下来在此工程文件中进行添加材质的操作。

在材质面板中双击创建默认材质球，在活动视图窗口中单击选中要添加材质的对象，然后将鼠标指针放在对象面板中，按S键可以快速找到被选中的对象。拖曳材质球到对象上，即将该材质球添加给当前对象，如图4-5所示。

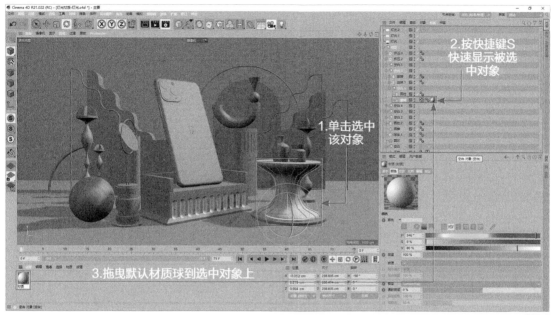

图4-5

双击材质球打开"材质编辑器"窗口，将材质球的"颜色"调整为深灰色，如图4-6所示。

勾选"凹凸"通道，将"纹理"调整为"噪波"，使模型表面产生凹凸质感，如图4-7所示。

图4-6

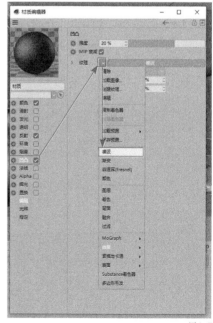

图4-7

单击"噪波"按钮，将噪波的"全局缩放"调整为"1.5%"，使凹凸质感变为磨砂质感，如图4-8所示。

最后，进入活动视图窗口，按快捷键Ctrl+R渲染活动视图，检查材质效果，如图4-9所示。

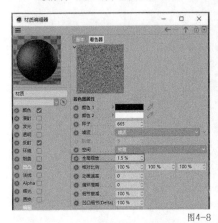

图4-8

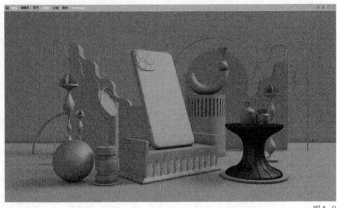

图4-9

至此，具有简单漫射材质效果的模型就制作完毕了。

接下来制作具有稍许纹理感的几个模型及背景，如图4-10所示。

图4-10

在材质面板中创建材质球，将其拖曳给对应的模型对象，在属性面板中将"颜色"调整为青灰色，如图4-11所示。

直接将材质球拖曳给模型对象，材质会覆盖整个模型对象。圆柱需要单独处理，在活动视图中单击选中圆柱，在编辑模式工具栏中选择多边形模式，按快捷键0，并切换到正视图中快速选中需要添加材质的多边形，如图4-12所示。

单击鼠标滚轮切换到透视视图，将材质球拖曳至选中的多边形上，即可完成材质的添加，如图4-13所示。

图4-11

图4-12

图4-13

> **提示** 完成材质的添加后，需要在编辑模式工具栏中将多边形模式切换回常用的模型模式，避免后续操作出现不必要的问题。

按快捷键Ctrl+R渲染活动视图，检查材质效果，如图4-14所示。

下面需要为材质进一步增加纹理细节。

按住Ctrl键单击并拖曳青灰色材质球，完成对材质球的复制，将其名称更改为"噪波纹理"。打开材质编辑器，将其颜色调暗，注意和复制前的材质颜色进行明显区分，如图4-15所示。

图4-14

然后勾选"Alpha"通道，将"纹理"调整为"噪波"，如图4-16所示。

单击"噪波"按钮，将"噪波"调整为"卜亚"，将"全局缩放"调整为"500%"，如

图4-17所示。

图4-15

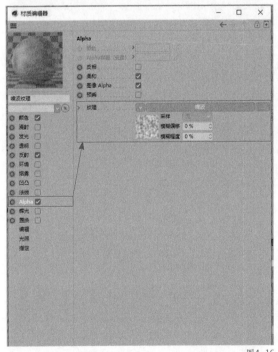

图4-16

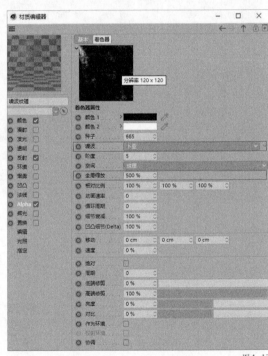

图4-17

将制作好的噪波纹理拖曳给对应模型对象，按快捷键Ctrl+R渲染活动视图，检查材质效果，如图4-18所示。

按照上述方法，对其他模型对象进行相同的操作，制作出所有模型对象的材质。注意调整过程中颜色的准确度，应反复调试颜色以达到最佳效果，如图4-19所示。

图4-18

图4-19

第3节 反射材质

反射材质在日常生活中随处可见，如光滑的地面、亚克力板材及金属等。上节完成了漫射材质的制作，本节将继续用上节的工程文件制作反射材质。

图4-20所示的红框中的部分是应用本节讲解的反射材质的对象。

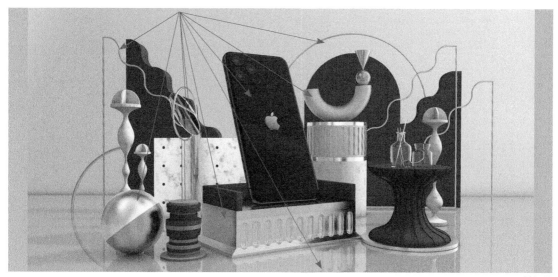

图4-20

首先制作地面的材质。地面是具有很强的反射属性的，并且是整个画面范围内影响最大的一个元素。

在材质面板中双击创建默认材质球，更改材质球名称为"地面"，并将"颜色"调整为粉色，如图4-21所示。

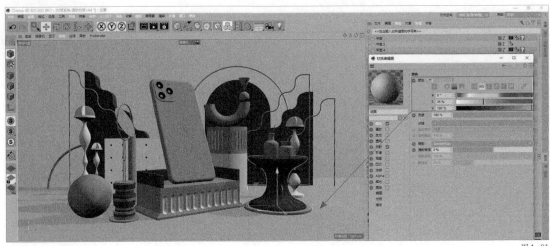

图4-21

　　在"材质编辑器"窗口中勾选"反射"通道，选择层选项卡，单击"添加"按钮，选择"反射（传统）"选项，在"默认高光"后面，会自动激活"层1"，也就是反射层。在层选项卡中，将"层1"调整为"普通"，并降低反射强度到"43%"。在层1选项卡中，将"粗糙度"调整为"3%"，并渲染活动视图，如图4-22所示。

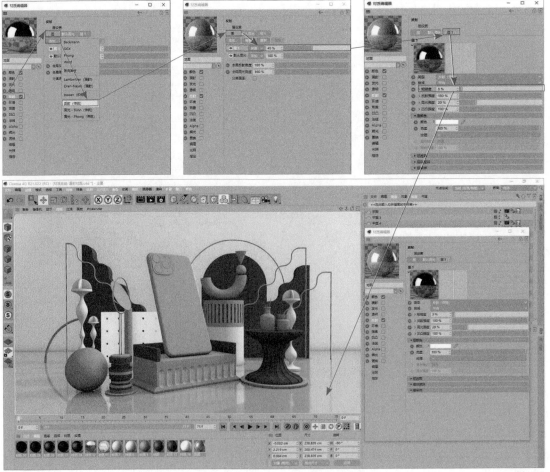

图4-22

再调整几种金属类材质，下面以画面中的金属圆环和金属波浪线为例。

在材质面板中双击创建默认材质球，打开"材质编辑器"窗口，勾选"反射"通道，选择层选项卡，单击"添加"按钮，选择"反射（传统）"选项，添加层1。将层选项卡中的"层1"调整为"添加"，如图4-23所示。

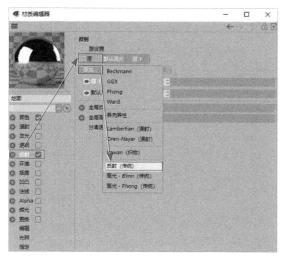 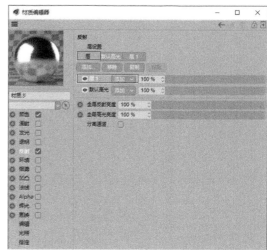

图4-23

单击选择默认高光，将"宽度"调整为"20%"，将"高光强度"调整为"100%"，将层颜色中的"颜色"调整为低饱和度的暖色，如图4-24所示。

单击选择层1，将"衰减"类型调整为"金属"，将"反射强度"调整为"150%"，将层颜色中的"颜色"调整为低饱和度的暖色，如图4-25所示。

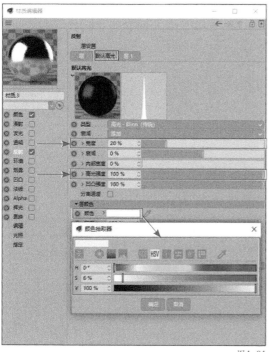 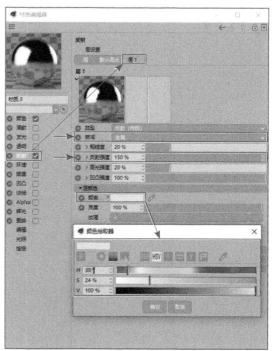

图4-24

图4-25

拖曳材质球给对应的模型对
象，按快捷键Ctrl+R渲染活动视
图，如图4-26所示。

最后，调整手机的反射材质。

在材质面板中双击创建默认
材质球，按创建地板材质的方法，
将"颜色"调整为深灰色，同时
添加反射层，将层1的"反射强
度"调整为"40%"。在默认高

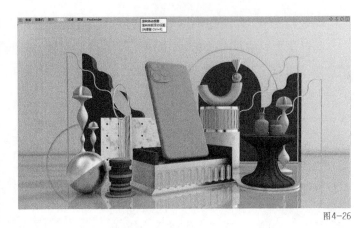

图4-26

光选项卡中将"宽度"调整为"18%"，将"高光强度"调整为"100%"；在层1选项卡中，
将"粗糙度"调整为"1.5%"；在层遮罩选项组中，将"数量"调整为"40%"，将"纹理"
调整为"菲涅耳（Fresnel）"，以增强反射的真实性，如图4-27所示。

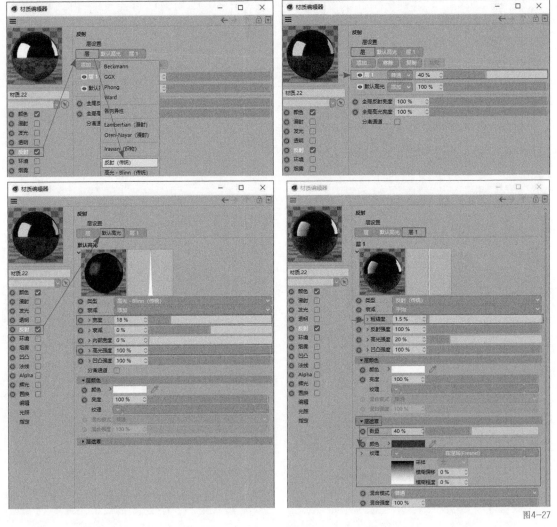

图4-27

最后将材质球拖曳给手机模型对象，按快捷键Ctrl+R渲染活动视图，如图4-28所示。

图4-28

到这步为止，反射材质就已经制作完成了，但是作为主体的手机在细节上稍微有些缺失，需要用几个反光板来为手机增加反射细节。

在手机侧面放两个细长条形状的平面对象。在手机背面的正对方向放置一个相对较大的平面对象。将有反射材质的平面作为手机模型的反光板。单击鼠标右键，执行"渲染标签-合成"命令，为反光板添加合成标签，在合成标签的属性面板中单击标签选项卡，取消勾选"投射投影"和"摄像机可见"，如图4-29所示。

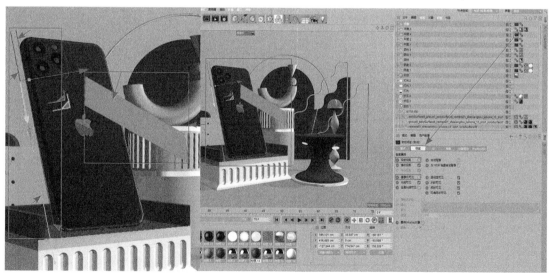

图4-29

在材质面板中双击创建默认材质球。双击默认材质球打开"材质编辑器"窗口，勾选"发光"通道，取消勾选"颜色"和"反射"通道，这样，一个简单的发光材质就创建完毕。将其拖曳给已摆好位置的平面对象，按快捷键Ctrl+R渲染活动视图，如图4-30所示。

图4-30

第4节 透明材质

本节将讲解透明材质
的制作方法。

导入上节制作好的工
程文件，以此为基础制作
两个玻璃罐的透明材质，
如图4-31所示。

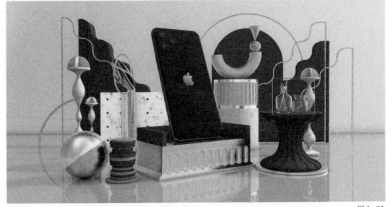

图4-31

在材质面板中双击创建默认材质球。双击默认材质球打开"材质编辑器"窗口，勾选"透
明"通道，将"折射率预设"调整为"玻璃"，勾选"反射"通道，将默认高光选项卡中的
"宽度"调整为"14%"，将"高光强度"调整为"100%"，如图4-32所示。

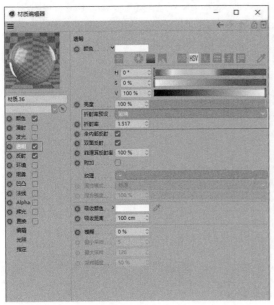

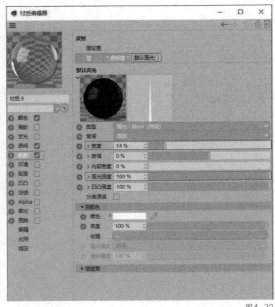

图4-32

拖曳材质球给对应的模型对象，按快捷键Ctrl+R渲染活动视图，如图4-33所示。

图4-33

除了透明玻璃，生活中还有比较常见的有色玻璃，而制作有色玻璃需要调整对应的参数，有如下两种方法。一种是取消勾选"颜色"通道，勾选"透明"通道，将"透明"通道中的"颜色"调整为"红色"，如图4-34所示。

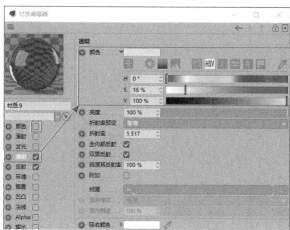

图4-34

另外一种是将"吸收颜色"调整为"红色"。颜色会受模型的厚度影响，吸收距离越大颜色越淡，吸收距离越小颜色越深，如图4-35所示。

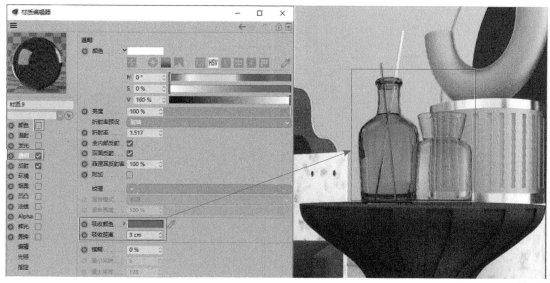

图4-35

第5节 发光材质

使用发光材质可以使模型对象成为自发光物体，并照亮周围环境，如荧光灯，霓虹灯，火焰等，调整发光材质的颜色和纹理可以控制发光的颜色。

在内容浏览器面板中单击"搜索"按钮，在"包含"中搜索"JellyD"，双击打开第二个工程文件，如图4-36所示。

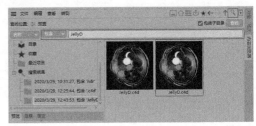

在材质面板中打开白色材质球的"材质编辑器"窗口，勾选"发光"通道，将"纹理"调整为"菲涅耳（Fresnel）"，调整菲涅耳纹理的"渐变"来影响

图4-36

白色球体的发光效果。对其他几个发光材质球也用同样的原理进行发光效果的调整，如图4-37所示。

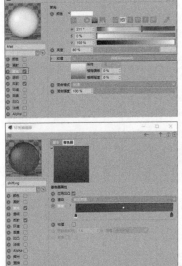
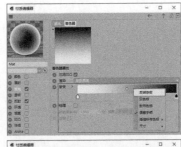
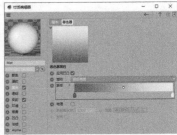
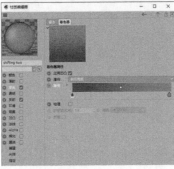

图4-37

按快捷键Ctrl+R渲染活动视图，检查材质效果，如图4-38所示。

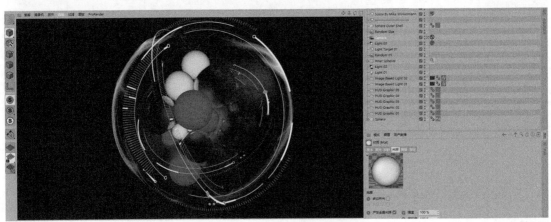

图4-38

除此之外，也可以通过发光中的"颜色"去调整材质发光的颜色，如图4-39所示。

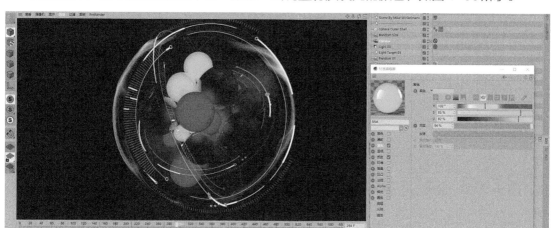

图4-39

第6节 SSS材质

在"发光"通道中加入"次表面散射"效果，材质会具有半透光性。SSS材质通常用来表现生活中的翡翠、玉石等材质。

双击材质面板创建默认材质球，打开"材质编辑器"窗口，取消勾选"颜色"通道，勾选"发光"通道，将"纹理"调整为"效果-次表面散射"，调整相关参数，按快捷键Ctrl+R渲染活动视图，如图4-40所示。

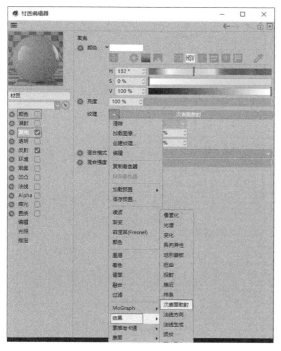
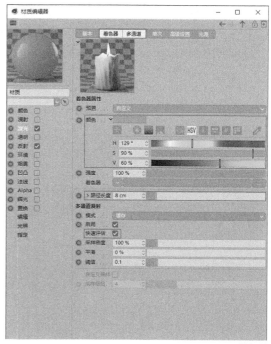

图4-40

图4-40（续）

第7节　脏旧材质

为还原写实场景、表现材质真实感，很多时候需要对模型做脏旧处理，以还原场景的真实感。

用户可以通过多层贴图的混合来增强材质细节，体现不同的材质属性，让画面真实感更强。

在内容浏览器面板中单击"搜索"按钮 🔍，在"包含"中搜索"InverseAO"，双击打开工程文件，如图4-41所示。

图4-41

以小卡车表面的脏旧纹理为例，在材质面板中双击创建默认材质球，双击材质球，打开"材质编辑器"窗口。勾选"颜色"通道，将"纹理"调整为"融合"，进入着色器属性面板，将"基本通道"调整为"噪波"后，将"噪波"调整为"路卡"，将颜色1调亮，将颜色2调暗，并降低颜色1和颜色2的对比度，如图4-42所示。

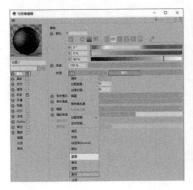 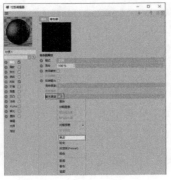 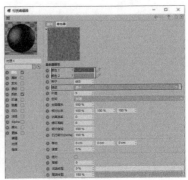

图4-42

　　勾选"使用蒙版"选项，将"蒙版通道"调整为"图层"后，进入图层属性面板；单击"着色器"按钮，选择"噪波"，单击"噪波"右侧的图标，进入噪波着色器属性面板，调整相关参数，如图4-43所示。

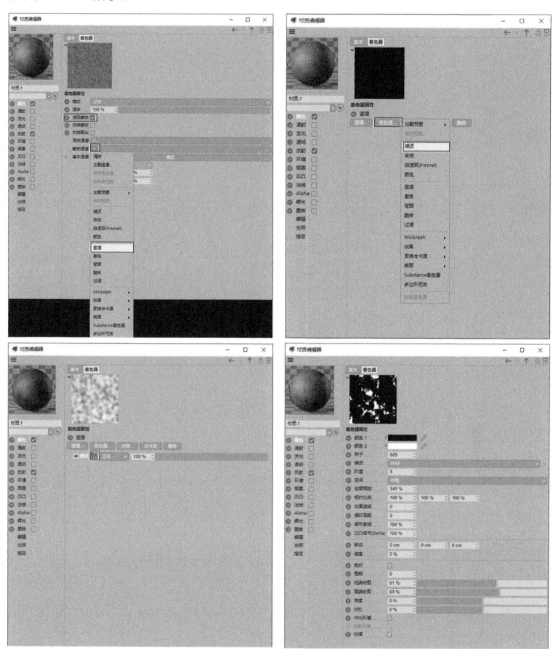

图4-43

　　单击向上按钮↑回到图层着色器属性面板，再次添加噪波效果并调整参数，如图4-44所示。

　　返回着色器属性面板，单击"着色器"按钮，选择"效果"右侧的"环境吸收"，将"环境吸收"拖曳至最下层，并将最上层噪波的类型调整为"添加"，将中间噪波最上层类型调整为"正片叠底"，最后单击"环境吸收"右侧的图标，进入环境吸收着色器属性面板调整参数，如图4-45所示。

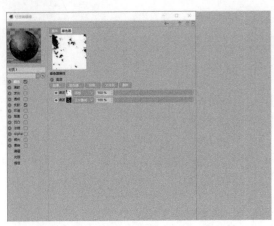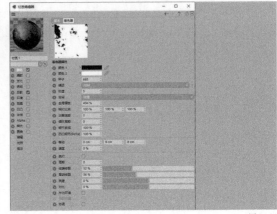

图4-44

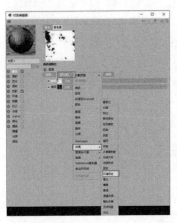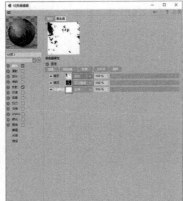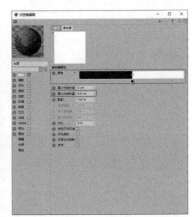

图4-45

单击向上按钮↑回到着色器属性面板，将"混合通道"调整为"噪波"，进入噪波着色器属性面板，调整参数，如图4-46所示。

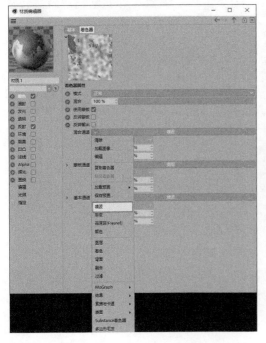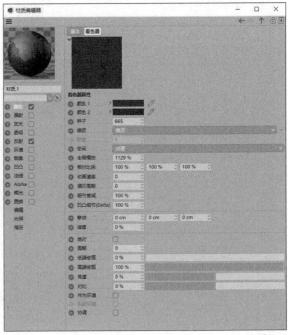

图4-46

至此，"颜色"通道就调整完毕了，接下来调整"反射"通道中的基本参数。

在"反射"通道中选择层选项卡，将"添加"调整为"反射（传统）"，完成层1的创建。选择层1选项卡，将"粗糙度"调整为"24%"，如图4-47所示。

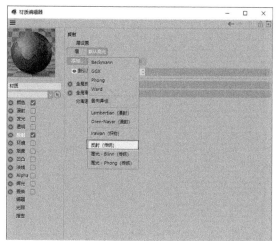 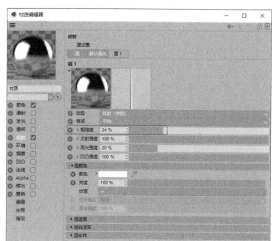

图4-47

回到"颜色"通道中，将"纹理"调整为"复制着色器"，将刚才制作好的融合着色器效果复制粘贴到"反射"通道的层1选项卡下层颜色的"纹理"中，并调整融合着色器中混合通道的噪波颜色，如图4-48所示。

回到层1，调整"反射强度"等参数，如图4-49所示。

利用图4-49所示的方法，将"反射"通道中调整好的层颜色"纹理"复制粘贴到"凹凸"通道的"纹理"中，如图4-50所示。

最后，按快捷键Ctrl+R渲染活动视图，检查字的最终脏旧效果，如图4-51所示。

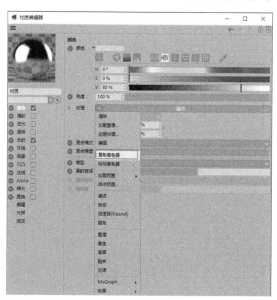 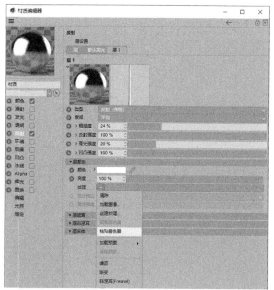

图4-48

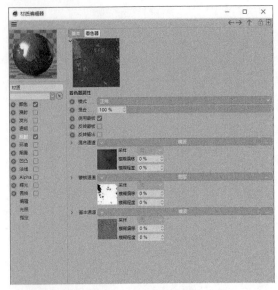

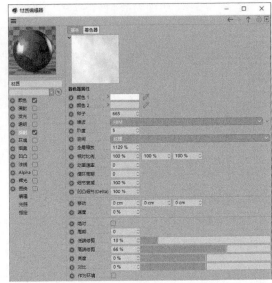

图4-48（续）

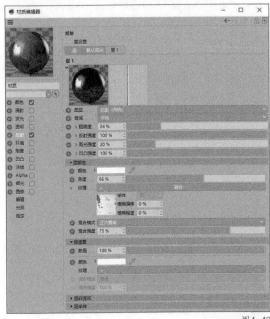

图4-49

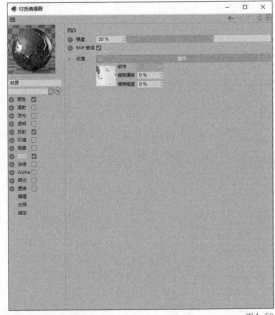

图4-50

第8节 PBR材质

PBR是基于物理方式更精准计算灯光与材质之间互动的渲染方式。PBR材质用于简化PBR的运算流程。

在内容浏览器面板单击"搜索"按钮 🔍，在"包含"中搜

图4-51

索"The Princess"，双击打开第一个工程文件，如图4-52所示。

Cinema 4D中的新PBR材质在参数调节上，基本和原有的材质编辑器保持一致，唯一变化的是，漫射的调整位置被集合在了"反射"通道中的默认漫射选项卡中。默认"反射"通道的调整方法和标准材质反射调整方法一致，如图4-53所示。

图4-52

提示 除上述差异外，其余的参数保持与默认材质编辑器相同的调整方法。

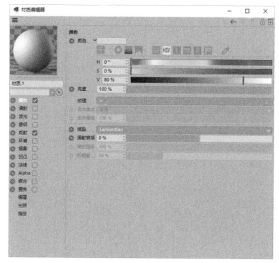

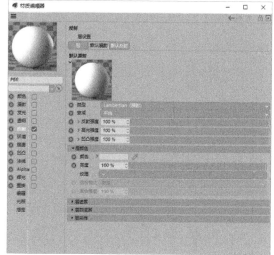

图4-53

在Cinema 4D中渲染是基于ProRender渲染器进行测试的。在活动视图的工具栏中单击"ProRender"按钮，选择"作为ProRender查看"，单击"开始ProRender"按钮即可开始活动视图渲染，如图4-54所示。

图4-54

本课练习题

1. 选择题

（1）物体表面的光泽感来自（　　）。

A. 漫射属性　　　　B. 漫反射属性　　　　　C. 反射属性　　　　　D. 高光属性

（2）凹凸通道的原理为（　　）。

A. 利用黑白贴图对模型造成真实凹凸效果

B. 利用黑白贴图模拟凹凸效果

C. 利用法线贴图为模型增加凹凸效果

参考答案：

（1）C、D　（2）B

2. 操作题

本题要求读者熟练掌握各种材质使用方法、灵活运用各材质参数，利用提供的模型场景，进行材质的添加。最终参考效果如图4-55所示。

图4-55

操作题要点提示

① 合理运用材质参数配合简单的渲染设置完成材质添加。

② 注意反光板的位置及其对反射效果的影响。

第 **5** 课

渲染输出设置

渲染输出设置在建模的整个工作流程中是必不可少的环节，决定整个项目的渲染质量。本课将详细讲解渲染设置中常用的参数及设置方法，主要包括渲染工具组的用法、3种内置渲染器的设置方法和常用效果的设置方法，便于读者更好、更快地完成项目制作。

本课知识要点

◆ 常用渲染工具

◆ 渲染设置

◆ 常用效果

◆ 3种内置渲染器的应用

第1节 常用渲染工具

Cinema 4D中常用的渲染工具包含渲染测试工具、渲染到图片查看器和队列渲染这3个。

一般的渲染流程为先用渲染测试工具配合渲染设置的参数调整，来对场景进行调节，然后渲染到图片查看器中作为最终效果。渲染测试工具有3种，分别是渲染活动视图、区域渲染和交互式区域渲染（IRR）。

知识点 1 渲染活动视图

图5-1

渲染活动视图常用来测试整体场景的渲染效果。

选择需要被渲染的视图窗口，在渲染工具组中激活渲染活动视图工具 即可进行渲染，快捷键为Ctrl+R，如图5-1所示。

知识点 2 区域渲染

区域渲染常用于视图窗口的局部渲染测试，可以减少渲染测试时间。

长按渲染工具组中的"渲染到图片查看器"按钮 ，选择"区域渲染"，在视图窗口相应区域进行框选，即可实现区域渲染，如图5-2所示。

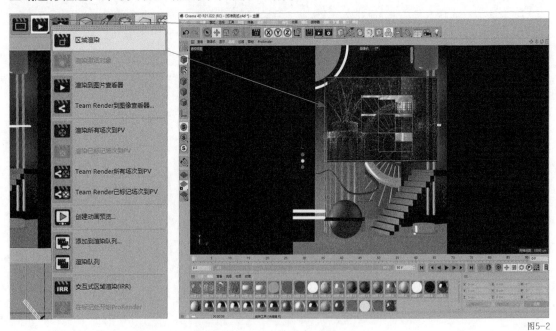

图5-2

知识点 3 交互式区域渲染（IRR）

在视图窗口中使用交互式区域渲染，可以实现所选区域的实时更新渲染，便于用户及时调整渲染效果。

长按渲染工具组中的"渲染到图片查看器"按钮,选择"交互式区域渲染(IRR)"后,视图窗口中会出现渲染范围框。范围框可以自由调整范围大小,拖曳三角滑块可控制渲染采样值大小,快捷键为Alt+R,如图5-3所示。

> 提示 渲染活动视图、区域渲染和交互式区域渲染是基于视图窗口进行渲染的工具,其结果不能作为最终的渲染结果,最终结果以图片查看器的渲染结果为准。

知识点4 渲染到图片查看器

渲染到图片查看器通常是在整个场景调整完毕后执行的渲染操作,用于场景的最终渲染输出。

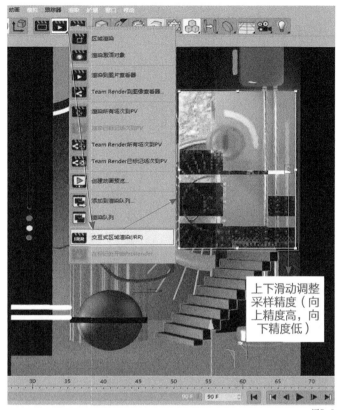

图5-3

单击"渲染到图片查看器"按钮,系统会发送当前场景到图片查看器中以实现渲染操作,快捷键为Shift+R,如图5-4所示。

图5-4

知识点 5 添加到渲染队列

添加到渲染队列是指把当前工程添加至渲染队列进行渲染输出。可分别将多个工程添加到同一个渲染队列进行渲染，以减少渲染工作量。

长按"渲染到图片查看器"按钮，选择"添加到渲染队列"，项目工程会自动加载至渲染队列窗口中，等待用户确认渲染，如图5-5所示。

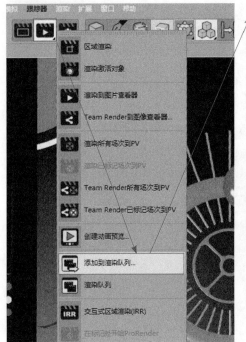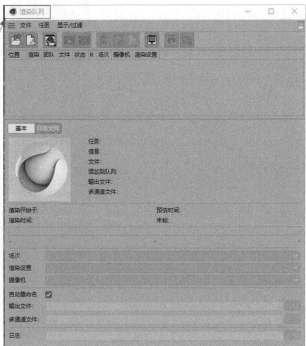

图5-5

知识点 6 渲染队列

渲染队列可以将多个工程添加到同一个队列中，实现一键渲染，为用户节省大量时间。

长按"渲染到图片查看器"按钮，选择"渲染队列"，单击"添加"按钮⬛可一次添加多个工程，然后单击"开始渲染"按钮⬛执行渲染操作，如图5-6所示。

> **提示** 渲染队列用于项目的最终渲染工作，一般在整个项目的最终渲染时才会使用。

第2节 常用渲染设置

调整"渲染设置"窗口中的参数，并配合视图窗口进行渲染，可以检查场景效果。"渲染设置"窗口中包含了所有渲染参数，决定了最终渲染图的质量。

软件中提供了3种内置渲染器来满足日常项目需求，这里首先基于软件默认的标准渲染器进行基本操作说明。

图5-6

单击渲染工具组中的"渲染设置"按钮 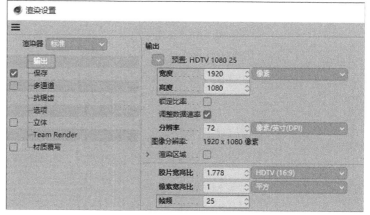，打开"渲染设置"窗口。

知识点 1 输出

在输出面板中，可以调整工程输出的尺寸及视频播放的帧频等。

一般情况下，"宽度"为"1920"像素。"高度"为"1080"像素。"帧频"为"25"，根据动画时间设置"帧范围"，其余各项均保持默认即可，如图5-7所示。

知识点 2 保存

保存面板中有常规图像和多通道图像选项组，它们决定了最终渲染图像的路径、格式和色彩深度等。

常用"格式"为"PNG"，

图5-7

常用"深度"为"16位/通道"，"Alpha通道"根据工程需要进行勾选。当在左侧勾选"多通道"时，会激活保存中的多通道图像选项组，其参数和常规图像保持一致即可。其余各项均保持默认即可，如图5-8所示。

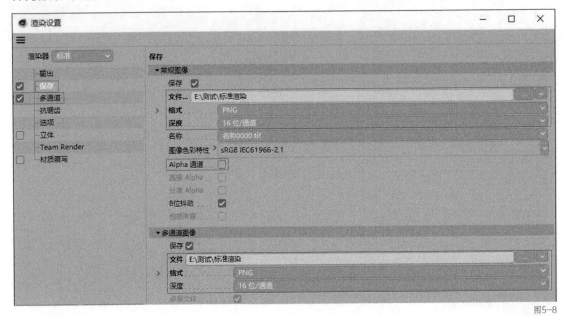

图5-8

知识点3 抗锯齿

抗锯齿对画面的精度起到决定性的作用，精度越高画面质量越高，但渲染时间也会相对增加。

单击"渲染设置"窗口中的"抗锯齿"进行参数设置。通常将"抗锯齿"设置为"最佳"，将"最小级别"设置为"1×1"，将"最大级别"设置为"4×4"。

图5-9所示的渲染图左侧是无抗锯齿的渲染图，右侧是最佳抗锯齿的渲染图。

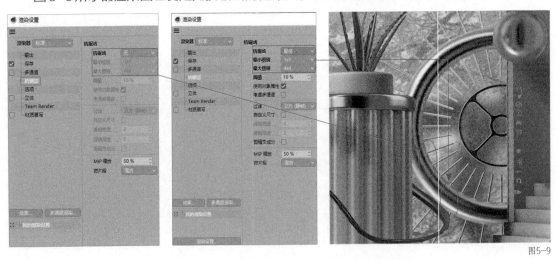

图5-9

提示 在调整"抗锯齿"的级别时，建议成倍数提高，如将"最小级别"设置为"2×2"时，就将"最大级别"设置为"8×8"，以此类推。

至此，标准渲染器的基本参数设置完毕，但是很显然，画面达不到想要的效果，画面整体偏暗，光线分布不均匀且有噪点。接下来将针对以上问题讲解一些常用效果的添加方式，可使整个场景的细节更加完善。

1. 添加全局光照效果

全局光照效果可对整个场景中的光源分布起到细化处理的作用，使场景中的光照更均匀细腻。

单击"效果"按钮 ，选择"全局光照"即可为场景添加全局光照效果。以默认参数进行渲染时，渲染速度会比较慢，渲染时间比较长，推荐优化参数，如图5-10所示。

图5-11所示的左侧为没有添加全局光照的效果，右侧为添加全局光照的效果。

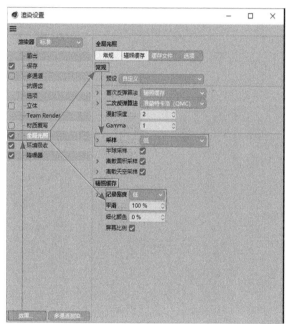

图5-10

图5-11

2. 添加环境吸收效果

环境吸收效果可以增强画面的立体感。

单击"效果"按钮，选择"环境吸收"。其右侧面板中，"最大光线长度"决定环境吸收的外部范围；"最小取样值"和"最大取样值"控制环境吸收的精度，即提高精度并减少噪点；"对比"控制环境吸收的明暗对比度，如图5-12所示。

图5-13所示的上方为没有添加环境吸收的效果，下方为添加环境吸收后的效果。

3. 添加降噪器效果

降噪器是Cinema 4D R21基于Intel平台新增的降噪技术，可以让画面看起来更加细腻。

单击"效果"按钮，选择"降噪器"即可，如图5-14所示。

图5-15所示的上方为没有添加降噪器的效果，下方为添加降噪器后的效果。

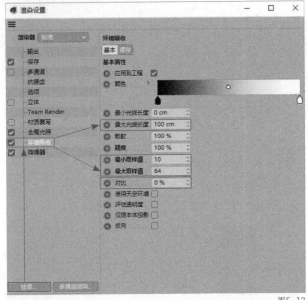

图5-12

图5-13

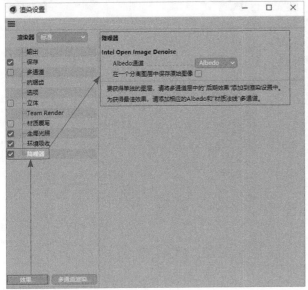

图5-14

图5-15

知识点 4　材质覆写

在调整渲染设置时，可以使用材质覆写功能单独指定
一个材质球来替换整个工程场景中的所有模型的材质。通
常会使用默认的材质球来检测场景中的光影透视关系。

勾选"材质覆写"，创建新的默认材质，将新材质拖
曳至"自定义材质"右侧框中，就可以用它来替换场景中
所有材质的属性。单击"渲染到图片查看器"按钮，即可
渲染出默认材质的素描画面，如图5-16所示。

图5-16

图5-17所示的左侧为没有勾选"材质覆写"的效果，右侧为勾选"材质覆写"后的效果。

知识点5 多通道

多通道是Cinema 4D为了配合三维后期合成软件而提供的一种渲染方式。它可以把场景中不同的信息以通道的形式提供给用户，便于用户在After Effects中进行后期合成。项目中常用的通道为"对象缓存""环境吸收"和"深度"等。

应用多通道的方法为：勾选"多通道"，单击"多通道渲染"按钮，选择对应通道即可，如图5-18所示。

1. 对象缓存

对象缓存可以为指定模型渲染出仅具有黑白信息的图片。将其用于After Effects中，可作为亮度蒙版方便进行后期抠像处理，设置方法如下。

图5-17

图5-18

在对象面板中选择需要进行对象缓存的模型，单击鼠标右键，执行"渲染标签－合成"命令添加合成标签。在合成标签面板的对象缓存中，勾选"启用"，为模型设置相应的缓存编号。回到"渲染设置"窗口并单击"多通道渲染"按钮，选择"对象缓存"通道。在多通道的对象缓存面板中设置与合成标签面板中对应的编号。在抗锯齿面板中勾选"考虑多通道"进行渲染，效果如图5-19所示。

 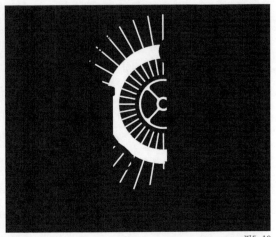

图5-19

得到对象缓存通道后，在After Effects中利用亮度蒙版进行抠像处理，如图5-20所示。

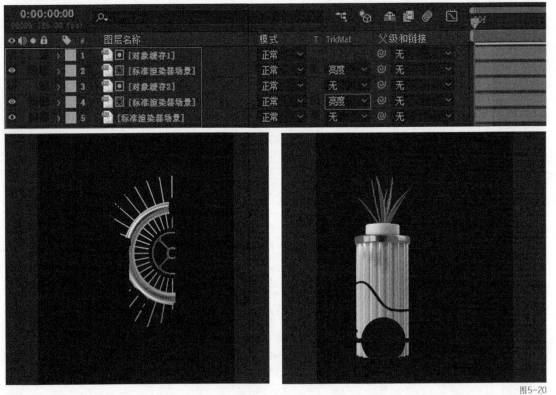

图5-20

2.环境吸收通道

在"渲染设置"窗口单击"效果"按钮，选择"环境吸收"效果。然后在右侧面板中取消勾选"应用到工程"选项（如果场景中有透明材质，需勾选"评估透明度"选项）。单击"多通道渲染"按钮 多通道渲染... ，选择"环境吸收"通道，渲染后的效果如图5-21所示。

在After Effects中将环境吸收通道放在其他图层之上，并将其混合模式修改为"相乘"。通常情况下通道叠加以后场景会比较脏，降低不透明度可降低环境吸收通道的叠加强度，也解决了画面过脏的问题，如图5-22所示。

图5-21

图5-22

3. 深度通道

深度通道通常也称为"景深通道"。

单击"多通道渲染"按钮，选择"深度"通道，渲染后的效果如图5-23所示。

提示 "深度"通道需要配合摄像机的模糊设置参数来实现景深效果。（在第2课"认识摄像机"的第2节知识点3中有详细讲解。）

后期合成的一般步骤如下：在After Effects中创建调整图层，在调整图层上单击鼠标右键，执行"效果-模糊和锐化-摄像机镜头模糊"命令，再在效果控件面板中设置参数，如图5-24所示。

图5-23

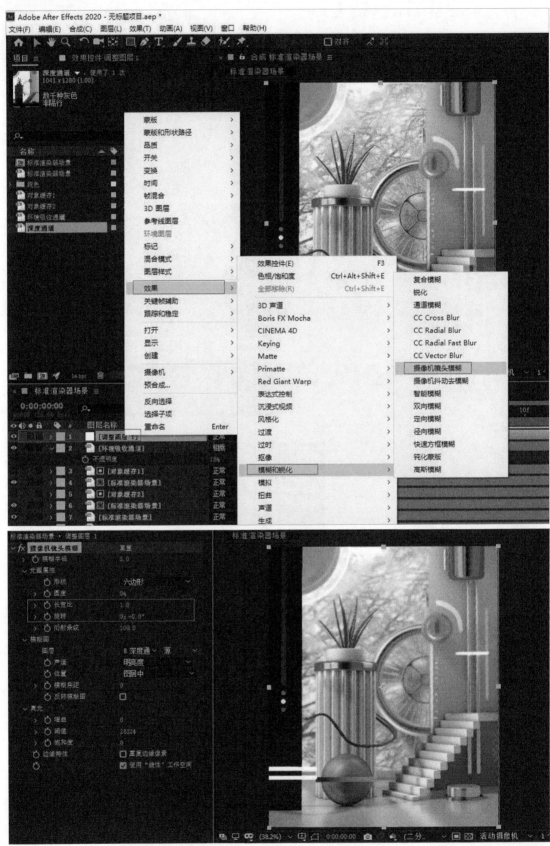

图5-24

知识点 6 选项

选项面板中的属性是否被勾选，决定最终输出时相应的材质属性是否被渲染，通常情况下保持默认设置即可。在渲染只有黑白信息图像的多通道时，通常会取消勾选"透明""折射率""反射""投影"和"模糊"5个属性，以节约渲染时软件对材质属性的运算量，从而提高渲染速度，如图5-25所示。

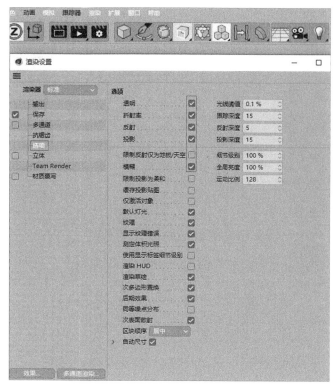

图5-25

第3节 常用效果

常用效果中包含了日常生活常见的物理现象及风格化效果，可为画面增加真实感和艺术感。

知识点 1 景深

景深效果可为当前渲染画面增加景深现象。加入景深效果后场景的空间感会更强，而景深也是现实拍摄中一种常见的现象，能为场景营造更真实的效果。

单击"效果"按钮，选择"景深"效果，调整相关参数实现最终的景深效果，如"模糊强度""距离模糊"及模糊形状等，如图5-26所示。

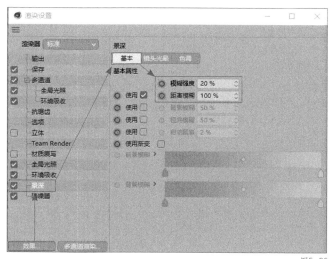

图5-26

图5-27所示的左侧为添加了景深的效果，右侧为没有添加景深的效果。

图5-27

知识点 2 次帧运动模糊

现实生活中，运动模糊是经常见到的视觉现象，Cinema 4D中的运动模糊可以增加整个画面的动感和真实感。

单击"效果"按钮，选择"次帧运动模糊"效果，默认"采样"次数为"16次"，如图5-28所示，是指从第0帧到第1帧，画面会渲染16张图。渲染后Cinema 4D会对这16张图片进行融合运算，得出运动模糊效果，因此渲染消耗时间比较长。

图5-29所示为次帧运动模糊效果。

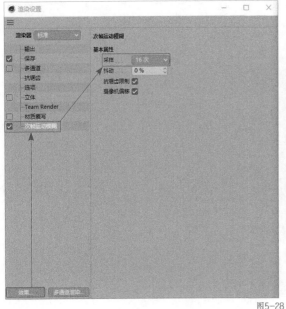

图5-28

图5-29

知识点 3 线描渲染器

线描效果通常用于科技类的作品中，在为画面增加科技感的同时进一步诠释模型的结构轮廓，使得作品更具有说明性和观赏性。

单击"效果"按钮，选择"线描渲染器"效果，勾选"边缘"，调整边缘和背景的颜色，单击"渲染到图片查看器"按钮，即可看到模型的线描效果，如图5-30所示。

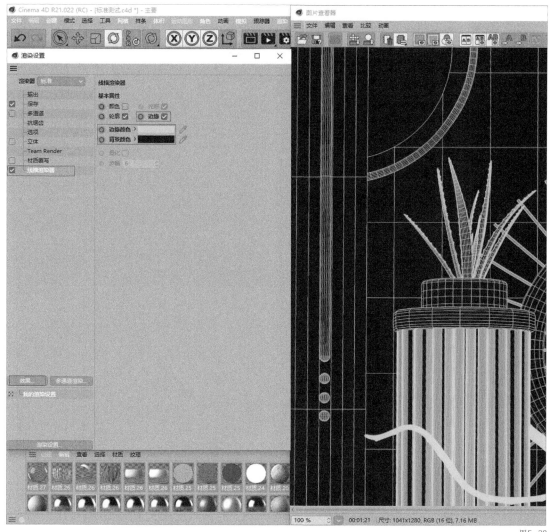

图5-30

图5-31所示为线描渲染器最终输出的效果。

提示 以上操作基于标准渲染器，下节将详细讲解关于物理渲染器和ProRender渲染器的参数设置。

第4节 3种内置渲染器

在Cinema 4D中，内置的3个渲染器分别是标准渲染器、物理渲染器和ProRender渲染器，不同的渲染器需要使用不同的设置来优化。

知识点 1 标准渲染器

标准渲染器的参数相对灵活，渲染速度快，可结合后期多通道合成的方式来完成渲染效果，多用于周期比较短的项目中。

前面已经对标准渲染器进行了详细的讲解，它可以通过对物理现象的模拟来实现相应的效果，但在真实感上会相对薄弱。接下来讲解物理渲染器，它是完全基于真实物理现象来进行渲染的。

知识点 2 物理渲染器

物理渲染器基于真实的物理现象对场景进行渲染，相较于标准渲染器在呈现效果上要更佳，缺点是渲染时间比较长，通常在制作高质量画面时用到。

图5-31

使用物理渲染器时，"材质覆写"下方的"物理"选项将被自动激活，其中包含物理渲染器的所有参数。

更改基本属性中的"采样品质"可控制整体质量，其他参数保持默认即可。

"采样细分"等同于标准渲染器中的"抗锯齿"，"模糊细分（最大）"控制粗糙度的模糊采样值，"环境吸收细分（最大）"控制环境吸收采样值。

如果想要达到更好的渲染效果可以添加"全局光照""环境吸收""降噪器"效果（相关参数调整同标准渲染器一致），如图5-32所示。

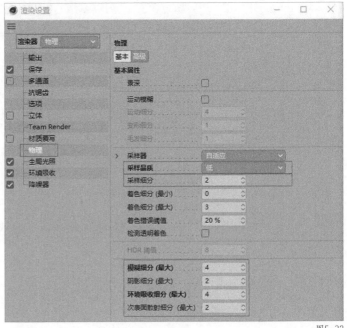

图5-32

图5-33所示为使用物理渲染器和标准渲染器渲染的对比效果，左图为使用物理渲染器的渲染结果，右图为使用标准渲染器的渲染结果。不难发现在楼梯部分的细节处理上，标准渲染器远远达不到物理渲染器的渲染效果。

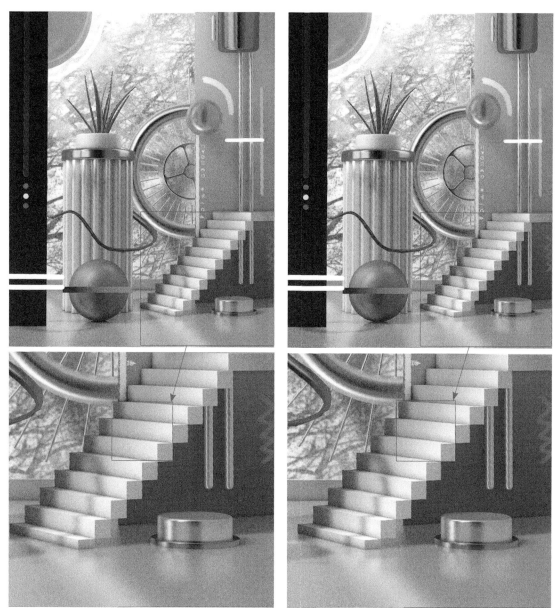

图5-33

知识点 3 ProRender 渲染器

应用ProRender渲染器默认参数进行渲染的同时，调整进程式渲染选项组中的"迭代次数"可提高画面品质。迭代次数越高渲染质量越好，但渲染速度会变慢。配合"降噪器"效果可以实现以较低的迭代次数得到较好的画面效果，同时节约渲染时间，从而更快速地完成项目，如图5-34所示。

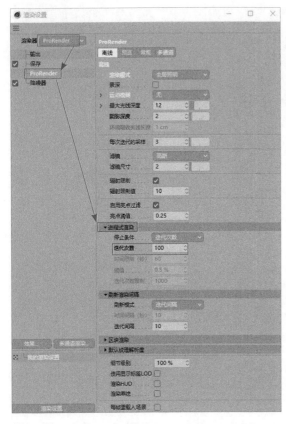

图5-34

图5-35所示的左图为使用ProRender渲染器渲染的效果，右图为使用物理渲染渲染器渲染的效果，不难发现，在光感的处理上ProRender渲染器相对来说优势比较大。在Cinema 4D R21增加了降噪器的前提下，"迭代次数"保持默认就可以得到很好的质量，但Cinema 4D R21之前的版本就只能靠显卡来决定渲染速度了。

图5-35

至此，本课内容讲解完毕，本课涉及的相关参数设置较多，建议读者反复练习。初学者学习Cinema 4D时，建议反复练习各种参数的设置，认真体会其中的效果差异。针对本章案例，建议读者熟练掌握相关参数设置后，自行调试参数，反复对比效果，完成一个自己喜欢的渲染作品。

本课练习题

1. 选择题

（1）交互式渲染的快捷键是（　　）。

A. Ctrl+Alt+Shift+R

B. Alt+Shift+R

C. Alt+R

D. Shift+R

（2）3种渲染器中，（　　）是基于GPU显卡进行渲染的。

A. 标准渲染器

B. 物理渲染器

C. ProRender渲染器

（3）降噪器的作用是（　　）。

A. 提高精度、减少锯齿

B. 细化光子使光感细腻

C. 去除噪点颗粒

D. 提高采样大小

参考答案：

（1）C （2）C （3）C

2. 操作题

本题要求读者熟练并灵活运用"渲染设置"窗口中的各项参数，掌握不同渲染器的参数设置方法。

参考图5-36所示的效果，完成渲染设置并反复对比效果。

图5-36

第 **6** 课

模拟标签——刚体、柔体和布料系统

在制作广告或影片的过程中，经常会制作柔软有弹性的布料和物体因爆破而产生的自然坠落等效果。这些复杂的动画利用手动设置关键帧的方式去实现会很复杂和费时，在视觉效果上也不够真实。

Cinema 4D为用户提供了动力学模块。在动力学模块中通过为对象添加模拟标签可以方便地解决这些问题。

本课主要讲解模拟标签中的刚体、柔体和布料等动力学相关系统的基本属性的设置和用法，学习完本课的内容，读者在制作动画的过程中将会事半功倍。

本课知识要点

◆ 刚体系统

◆ 刚体标签的重要参数

◆ 刚体案例

◆ 柔体系统

◆ 柔体案例

◆ 布料系统

◆ 布料案例

第1节 刚体系统

如果利用手动设置关键帧的方法去模拟真实的杯子掉落到地面的动画，效率是极低的，而且效果也非常不理想。Cinema 4D中还有更快速高效的方法，那就是利用刚体系统来模拟这类动画。

Cinema 4D的模拟标签中包含了刚体、柔体、碰撞体、检测体、布料、布料碰撞器和布料绑带共7种模拟动力学的标签，如图6-1所示。

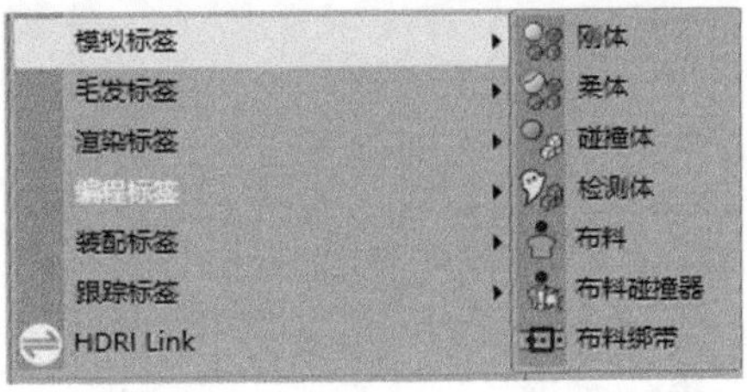

图6-1

知识点 1 添加动力学标签的常用方式

下面讲解动力学标签的两种添加方式。

• 新建一个场景，再新建参数对象"球体"，用鼠标右键单击"球体"，执行"模拟标签－刚体"命令，可以发现球体的标签区中新增了一个刚体标签，如图6-2所示。

• 选中"球体"，在对象面板的菜单栏中执行"标签－模拟标签－刚体"命令，可以发现球体的标签区中新增了一个刚体标签，如图6-3所示。

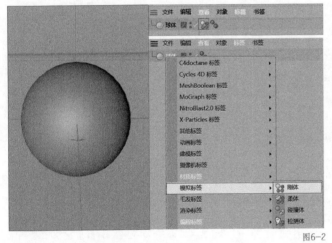

图6-2

图6-3

提示　如果需要删除标签，选中标签后按Delete键即可。

知识点 2 常规刚体动画制作

接下来通过小球下落到地面上的动画来讲解刚体动画的制作方法。

新建参数对象"球体"和"平面"，将球体沿y轴方向向上移动一段距离，如图6-4所示。

为了让球体成为刚体对象，在球体上单击鼠标右键，执行"模拟标签－刚体"命令，并将时间滑块移至第0帧，播放动画，球体向下坠落，如图6-5所示。可以看到球体穿过了平面，原因是平面没有被动力学引擎识别。如果想要球体与平面发生碰撞，还需要借助另外一个标签——碰撞体标签 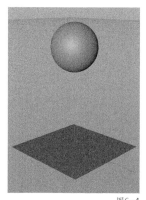。

对"平面"执行"模拟标签-碰撞体"命令，再次将时间滑块移至第0帧，播放动画，球体自然坠落并与平面产生了碰撞效果，如图6-6所示。

图6-4

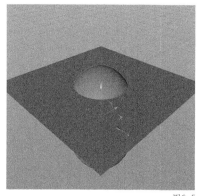
图6-5

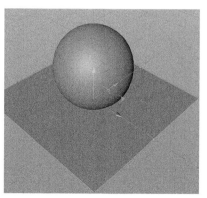
图6-6

提示 在制作动力学动画时，如果不是在起始帧播放，那么动力学计算模拟的结果将是错误的。因此，只要使用动力学场景，添加新模型或调整参数后，都要将时间滑块移至第0帧。这样，每次改动过后，场景中的动力学对象将会重新计算。

第2节 刚体标签的重要参数

下面将讲解刚体标签的基本参数，调整这些参数可以制作更加丰富的刚体动画。刚体的属性面板如图6-7所示。

知识点1 动力学

"启用"选项可以用来设置刚体标签在某个时间的启用或关闭，勾选该选项，标签显示为蓝色 ；取消勾选，标签显示为灰色 ，该标签将不产生动力学作用，如图6-8所示。

图6-7

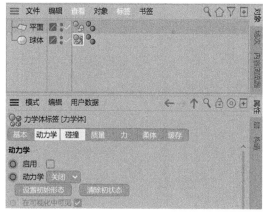
图6-8

单击"设置初始形态"按钮 设置初始形态 ，可以将当前帧的动力学状态设置为动作的初始状态；单击"清除初状态"按钮 清除初状态 ，可重置初始状态。

勾选"自定义初速度"选项后，可以自定义对象在x、y、z轴上的初始线速度；还可以自定义对象在h、p和b轴上的角度数值，如图6-9所示。分别设置对象的初始线速度和初始角速度，播放动画，刚体对象会以每秒2923cm左右的速度自动沿z轴向右位移；同时以每秒131°左右的角度旋转。

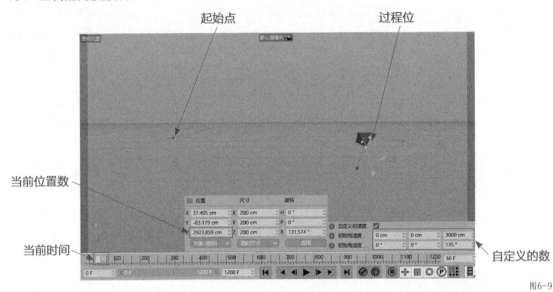

图6-9

> **提示** 以图6-10为例，工程设置帧速率为30帧。

"动力学"下拉列表中包含了"关闭""开启"和"检测"3个选项，根据动画制作的需求选择不同选项，可以实现标签之间的转换，如图6-10所示。默认选项为"开启"，说明当前对象作为刚体对象，参与动力学计算；选择"关闭"选项后，原有的刚体标签 变为碰撞体标签 ，当前对象从刚体变为碰撞体，播放动画后不会自动坠落；选择"检测"选项后，原有对象的标签变为检测体标签 ，说明当前的动力学标签被转换为检测体标签。

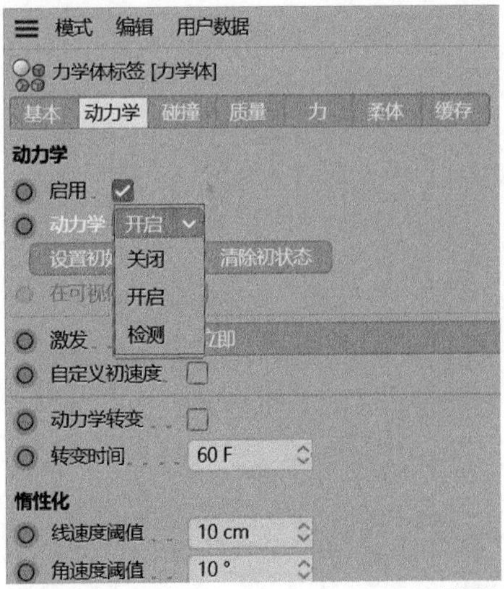

"激发"下拉列表中包含了4个常用选项，分别是"立即""在峰速""开启碰撞"和"由XPresso"，如图6-11所示。

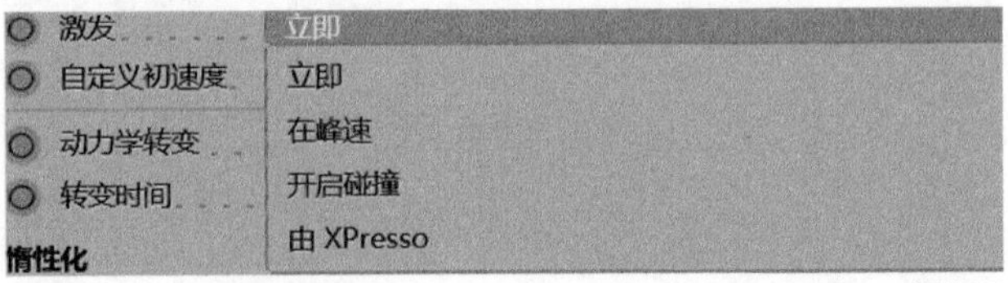

图6-10

图6-11

默认选项为"立即",赋予刚体标签的对象,播放动画时会立即下落。

选择"在峰速"选项后,如对象本身具有动画,那么对象将在移动速度最快的时候变为刚体。以图6-12所示为例,小球在第0 ~ 10帧的时间范围内产生了由下至上的关键帧动画。将"激发"设置为"在峰速",并将时间滑块移动到第0帧,播放动画后可以发现,小球在第1 ~ 5帧的时间范围内产生向上位移的动画,小球在第5帧左右(动画的峰速)受到动力学效果影响,带着惯性向上冲出,随后自然下落。

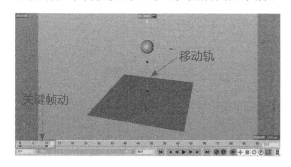
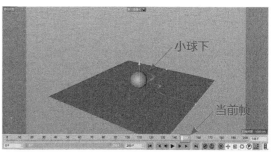

图6-12

选择"开启碰撞"选项后,对象同另一个对象发生碰撞后才会进行动力学计算。以图6-13所示为例,蓝色球体的"激发"为"开启碰撞"状态,为红色球体赋予碰撞体标签,在播放的状态下,拖曳红色球体沿-x轴向蓝色球体撞击,此时有刚体属性的蓝色球体在碰撞的瞬间会被动力学效果影响,撞离原来的位置,如图6-14所示。

> **提示** 动力学动画在播放的状态下,处于动力学计算状态,可以进行实时交互;如停止播放,交互作用也将停止。

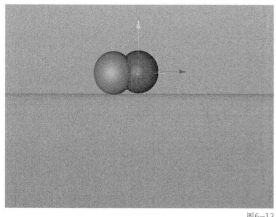
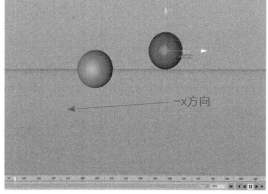

图6-13　　　　　　　　　　　　　　　　　　　　　　　　　图6-14

知识点2 碰撞

制作数量较多的刚体动画时,调节碰撞选项卡中的参数可以满足不同的碰撞条件,让刚体动画的碰撞效果更真实,画面更丰富,更有冲击力。碰撞选项卡如图6-15所示。

1. 继承标签

"继承标签"用于设置标签的应用等级,即层级对象(父、子对象)下的子对象是否也作为独立的碰撞物体参与动力学计算。该参数包含3个选项，分别是"无""应用标签到子级"和"复合碰撞外形"，如图6-16所示。

图6-15

首先，利用运动图形破碎工具制作球体的破碎效果，并将"破碎（Voronoi）"转换为可编辑对象。在对象面板中可以看到，最顶层的破碎为父对象，下面的小碎块为子对象，这样就形成了层级关系，如图6-17所示。

图6-16

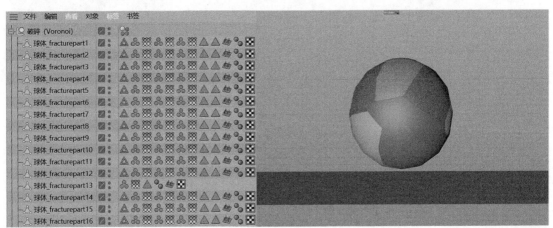

图6-17

接下来，为"破碎（Voronoi）"添加刚体标签，将平面作为碰撞体，再将该选项设置为"无"。播放动画，它们整体会自然下落，这是因为选择当前选项后系统不对球体与平面之间的碰撞进行动力学计算，所以可以穿过碰撞物体，如图6-18所示。

将该选项设置为"应用标签到子级"后，播放动画，所有子对象（小碎块）都独立地碎开了。这是因为选择该选项后，父对象的刚体标签被分配给所有子对象，所有子对象都将进行单独的动力学计算，如图6-19所示。

选择"复合碰撞外形"选项后，整个层级的对象被识别为一个整体进行动力学计算，如图6-20所示。

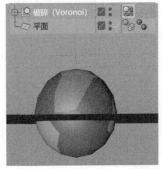

图6-18

图6-19

图6-20

2. 独立元素

当使用运动图形中的克隆工具、破碎工具和文本工具制作刚体动画时，"独立元素"中的选项可以影响刚体对象之间的碰撞的独立。"独立元素"包含4个选项，分别是"关闭""顶层""第二阶段"和"全部"，如图6-21所示。

下面的讲解将应用文本作为刚体对象，平面作为碰撞对象，如图6-22所示。

将该选项设置为"关闭"，播放动画，整个文本对象作为一个整体的碰撞对象向下坠落，如图6-23所示。

图6-21

图6-22

图6-23

将该选项设置为"顶层"，播放动画，每行文本作为一个碰撞对象向下坠落，如图6-24所示。

将该选项设置为"第二阶段"，播放动画，每个单词作为一个碰撞对象，如图6-25所示。

将该选项设置为"全部"，每个元素（字母）作为一个碰撞对象被单独计算，如图6-26所示。

图6-24

图6-25

图6-26

3. 外形

"外形"参数可以代替刚体对象模拟的外轮廓，在计算刚体和碰撞对象之间产生的碰撞、反弹和摩擦等数据时，起到缩短计算时间的作用。该选项提供了多个用于替代的形状，如图6-27所示。

看到碰撞外形的轮廓，按快捷键Ctrl+D打开工程属性面板，选择动力学选项卡，在可视化选项卡中勾选"启用"选项，如图6-28所示。图6-29和图6-30所示为选择不同外形轮廓的效果。

在制作刚体碰撞动画时，"反弹"和"摩擦力"起到了重要的作用，它们决定了某个因碰撞物体产生的反弹、摩擦和碰撞的模拟结果是否理想。图6-31所示为两个球体在相同时间下落后，所产生的反弹的高度对比；图6-32所示为设置了"摩擦力"数值后立方体不会下滑。

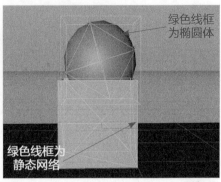

图6-27　　　　　　　　　　　　图6-28　　　　　　　　　　　　图6-29

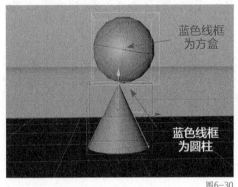

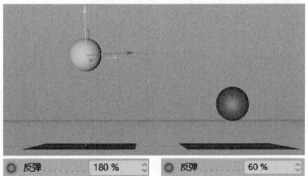

图6-30　　　　　　　　　　　　　　　　　　　　　　　　　图6-31

知识点 3　质量

动力学动画在模拟一个物体质量时，质量被定义为该物体自身的质量，密度则是模拟某种物质的体积密度。质量选项卡如图6-33所示。

图6-32　　　　　　　　　　　　　　　　　　　　　　　　　图6-33

当前刚体对象质量的使用方式有3种，分别是"全局密度""自定义密度"和"自定义质量"，如图6-34所示。

选择"全局密度"选项后，所有对象密度一样，如图6-35所示。

选择"自定义密度"选项后，下方的"密度"参数被激活，可自定义密度的数值，如图6-36所示。

图6-34　　　　　　　　　　　　　　　　图6-35

选择"自定义质量"选项后,下方的"质量"参数被激活,可自定义质量的数值,如图6-37所示。

图6-36　　　　　　　　　　　　　　　　　　　　图6-37

> **提示** 这里用到的公式为质量=密度 × 体积。

知识点4 力

力选项卡如图6-38所示。

"跟随位移"和"跟随旋转"通常用来模拟一个物体穿过障碍物,在一定时间内障碍物又恢复为原来的状态。图6-39所示的球体穿过小球的过程中,障碍物的位置和旋转也会受到影响。图6-40所示的障碍物在一定时间内又恢复为原来的状态。

当场景中有其他力场存在时,例如如果不需要该对象受到风力的影响,则将对象面板中的该力场拖入"力列表"右侧的框内即可,如图6-41所示。

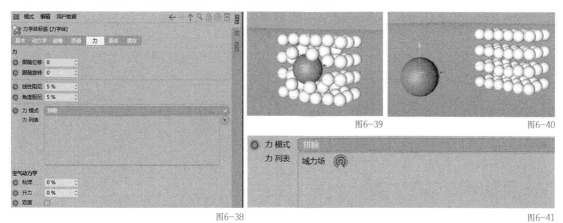

图6-38　　　　　　　　　　　　　　　　　　　　图6-41

"力模式"可选择"排除"或"包括"选项。选择"排除"时,列表中的力场将不对该对象产生效果;选择"包括"时,则只有列表中的力场才会对该对象产生效果。

第3节　刚体案例

本节通过制作图6-42所示的刚体动画案例,帮助读者提高制作刚体动画的熟练度,并进一步理解各项参数。

本案例的知识点主要包括刚体标签和碰撞体标签的应用。其中涉及的参数设置包含"继承标签""独立元素"和"外形"等。相关制作步骤分解如下。

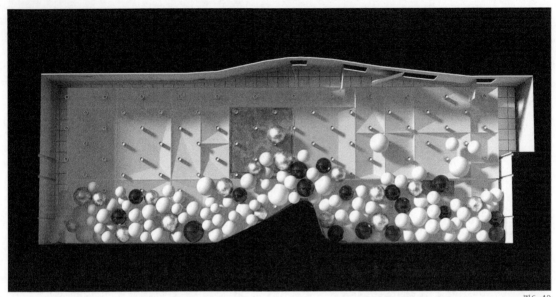

图6-42

操作步骤

■ 步骤1　打开练习场景工程文件

在主菜单栏中执行"文件－打开项目"命令，找到本课素材中的渲染工程设置文件，选择并打开"刚体动画_练习场景.c4d"文件，请在此项目工程的基础上完成本案例的制作，如图6-43所示。

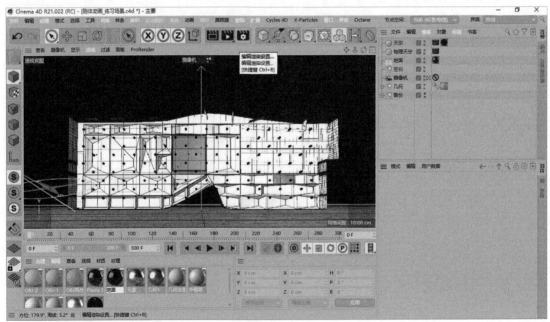

图6-43

■ 步骤2　创建主体对象

创建参数对象"球体"并调整其对象属性，如图6-44所示。

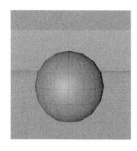

图6-44

■ 步骤3 克隆球体

01 添加克隆到对象面板中，并将"克隆"作为"球体"的父级，如图6-45所示。

02 在克隆的对象选项卡中设置相关参数，将克隆转为可编辑对象，快捷键为C，如图6-46所示。

图6-45

■ 步骤4 第二次克隆

01 添加克隆到对象面板中，并将上一次克隆的球体全部选中，拖曳为当前"克隆"的子级，如图6-47所示。

02 对克隆进行参数设置，并在透视视图中将克隆移至适合的位置，效果如图6-48所示。

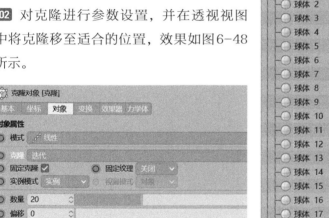

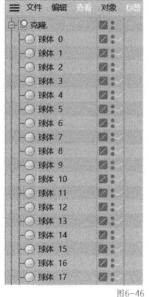

图6-46

图6-47

03 在透视视图窗口选中"克隆"，长按Ctrl键沿 +x 轴方向拖曳复制，效果如图6-49所示。

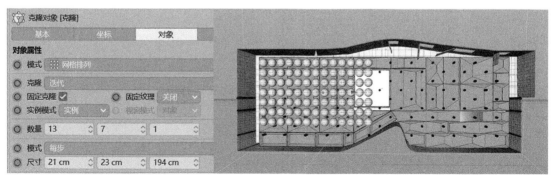

图6-48

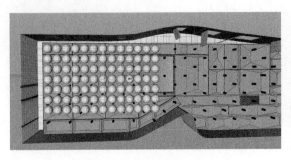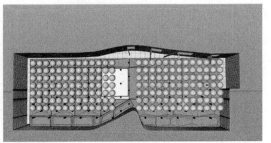

图6-49

■ 步骤5 添加随机效果器

01 添加随机效果器到对象面板中，并将其分别拖入克隆属性面板中的"效果器"右侧框内，使克隆共用一个效果器，如图6-50所示。

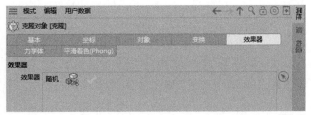

图6-50

02 对随机效果器进行参数设置，更改"变换模式"为"相对"，勾选"索引"选项，设置"最小"值为"-38%"，如图6-51所示。

■ 步骤6 添加动力学标签

01 选择球体的克隆，执行"模拟标签-刚体"命令，接着对对象面板中的其他模型执行"模拟标签-碰撞体"命令，如图6-52所示。

02 在"元素-外部" 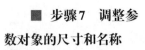 的碰撞体标签的属性面板中，将"外形"设置为"动态网格"，如图6-53所示。

03 在"模型元素" 的碰撞体标签的属性面板中，将"继承标签"设置为"应用标签到子级"，如图6-54所示。

04 在克隆的刚体标签属性面板中，将"独立元素"设置为"全部"，如图6-55所示。

图6-51

图6-53

图6-52

图6-54

图6-55

■ 步骤7 调整参数对象的尺寸和名称

01 选择克隆子级中的任意两个参数对象"球体"，调整它们的半径，并分别重新命名为"金色"和"黑色"，如图6-56所示。

02 将球体的克隆分别命名为"球体元素1"  和"球体元素2"  ，如图6-57所示。

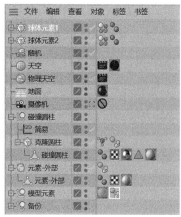

图6-56

图6-57

■ 步骤8 添加材质和替换材质

01 单击材质面板里的颜色材质球 ，将其拖曳到 球体元素1 上，并选择 球体元素1 的材质标签，单击鼠标右键执行"应用标签到子级"命令，如图6-58所示。

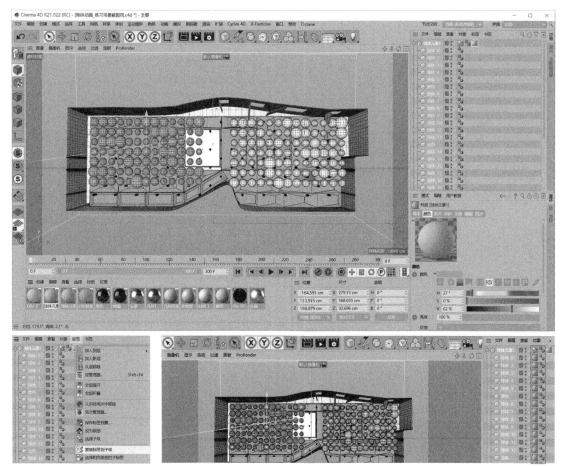

图6-58

02 单击材质面板里的颜色材质球 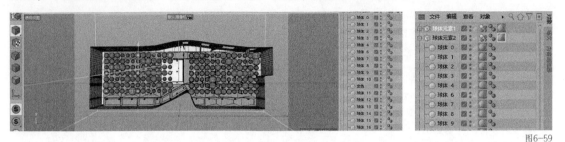，将其拖曳到 球体元素2 上，并选择 球体元素2 的材质标签，单击鼠标右键执行"复制标签到子级"命令，如图6-59所示。

图6-59

03 单击材质面板里的颜色材质球，将其拖曳到 球体元素1 和 球体元素2 对应的材质标签上，如图6-60所示。

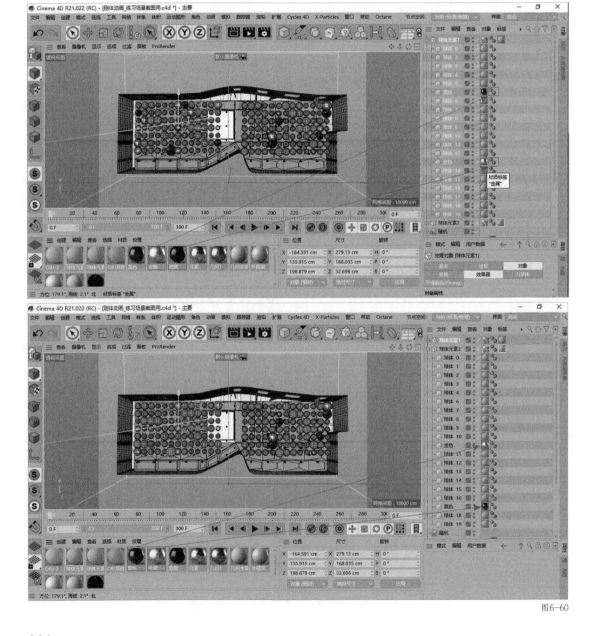

图6-60

■ 步骤9 播放预览选画面

`01` 在对象面板中找到渲染设置组下的摄像机，单击 图标激活渲染摄像机，如图6-61所示。

`02` 播放动画挑选画面，如图6-62所示。

■ 步骤10 渲染输出

`01` 单击工具栏中的"渲染设置"按钮，如图6-63所示，打开"渲染设置"窗口，如图6-64所示。

图6-61

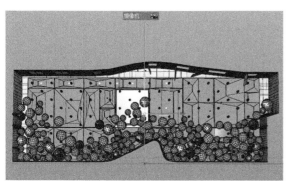

图6-62

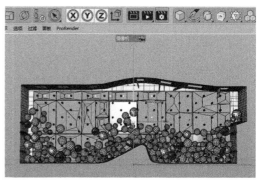

图6-63

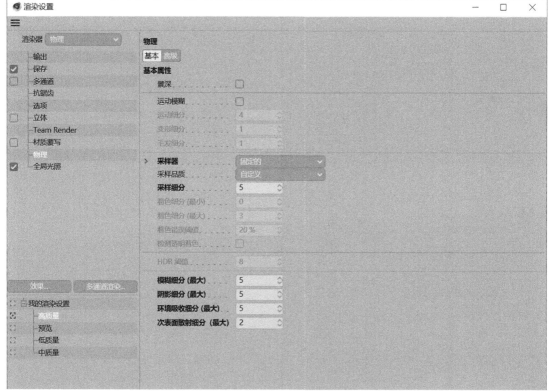

图6-64

`02` 在"渲染设置"窗口中更改图片保存路径，并自定义一个文件名。

`03` 在"渲染设置"窗口中勾选"保存"，设置格式为"PNG"或者"JPG"，如图6-65所示。

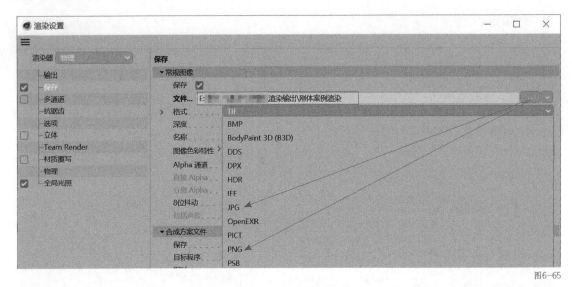

图6-65

04 开启"天空""地面"和"物理天空"的"编辑可见"和"渲染可见"功能，如图6-66所示。

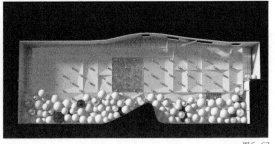

图6-66

05 关闭"渲染设置"窗口，单击工具栏中的"渲染到图片查看器"按钮 进行渲染，如图6-67所示。

06 渲染完成后的图片将自动保存到设置好的保存路径下，如图6-68所示。

图6-67

图6-68

07 在"图片查看器"窗口的滤镜选项卡中勾选"激活滤镜"，对图片进行后期调色，如图6-69所示。如需要保存调色之后的图片，在"图片查看器"窗口中执行"文件-将图像另存为"命令，更改保存格式、路径和名称，勾选"使用滤镜"即可，如图6-70所示。最后将调色后的图片也将保存至指定路径下，如图6-71所示，完

图6-69

成本案例的制作。

图6-70

图6-71

第4节 柔体系统

带有柔体标签的对象在模拟动力学动画时，受到碰撞或挤压后会产生变形，如气球。选中需要成为柔体的对象，在对象面板上单击鼠标右键，执行"模拟标签－柔体"命令，即可为该对象赋予柔体标签，如图6-72所示。

播放动画观察柔体对象，发现球体撞向平面后体积和形状发生了变形。这是因为柔体标签在对象不同的多边形之间创建了看不见的连接，而这些连接是可动的，所以可以用来模拟柔体的状态。

接下来讲解使用柔体标签的一些技巧。

知识点1 控制柔体影响范围的方法

通常，添加了柔体标签的对象整体将会受到动力学影响。如果只希望对象局部受到柔体的影响，需要结合顶点贴图来实现，接下来讲解如何操作。

创建一个可编辑球体对象，在点模式 下选择一些点，在主菜单栏中执行"选择－设置顶点权重"命令，在弹出的对话框中单击"确定"按钮即可，如图6-73所示。

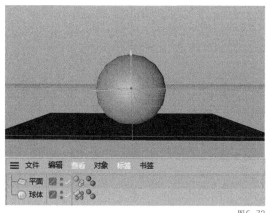

图6-72

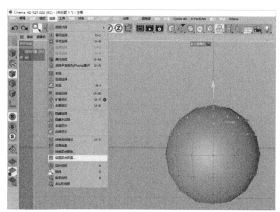

图6-73

设置完毕后，对象面板的球体标签区中新增了顶点贴图标签，如图6-74所示。

在球体上单击鼠标右键，执行"模拟标签-柔体"命令，将球体和顶点贴图分别拖曳到柔体选项卡的"静止形态"和"质量贴图"右侧框中，如图6-75所示。

最后，将时间滑块移动到第0帧，播放动画，可以观察到只有被约束的点发生了动力学变化，球体依然是静止形态，如图6-76所示。

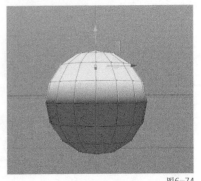

图6-74

图6-75

知识点2 柔体的重要参数

掌握了柔体标签的使用方式和使用技巧以后，还需要掌握调节柔体动画细节的方法。选中柔体标签，在下方的属性面板中可以设置其属性。柔体与刚体的属性面板基本相同，接下来讲解柔体特有的参数，如图6-77所示。

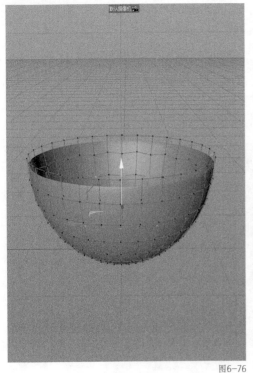

图6-76

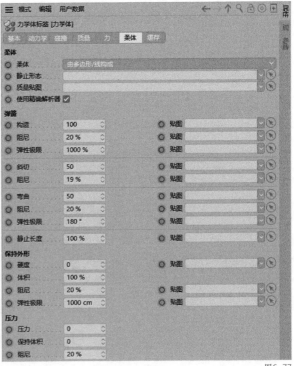

图6-77

　　"构造"参数能够影响一个柔体的整体构造，数值越大，对象构造得越完整。图6-78所示为"构造"值默认为"100"的形状，图6-79所示为增加了构造值的效果。

　　如果需要模拟一个柔软的物体下落后的形态，如倾斜，可以设置"斜切"数值来实现。"斜切"的默认值为"50"，效果如图6-80所示。当"斜切"值为"0"的时候，柔体会自然地向某个方向产生倾斜，如图6-81所示。

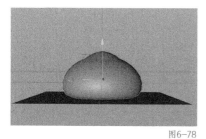
图6-78

图6-79

图6-80

　　在制作体育类的影片时，有时需要模拟某些球类元素的动画，此时可以调节"硬度"参数来模拟球体表面的不同硬度。图6-82和图6-83所示分别为不同的"硬度"参数影响球体表面的效果对比。

图6-81

图6-82

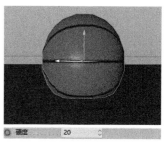
图6-83

　　还有另外一种模拟方法，就是给球体施加压力和表面膨胀的效果，此时将"压力"参数设置为一定的数值即可。图6-84所示为"压力"数值为"0"的形态，图6-85所示为"压力"数值为"100"的形态。还可以调节"保持体积"参数，让球体在受到"压力"参数影响时，能够保持自身的体积大小，减轻表面膨胀的效果，如图6-86所示。

图6-84

图6-85

图6-86

提示　制作柔体动画时，应尽可能使用标准的多边形模型，如果模拟球类，推荐使用参数对象球体中的"六面体"选项。

知识点 3 提高动力学刚体和柔体的计算精度

　　在制作柔体动画或刚体动画时，会出现模型与地面穿插的现象，或模型产生碰撞后不停地抖动，这种动画在动力学模拟中是错误的。图6-87所示的球体穿过了地面，按快捷键Ctrl+D打开工程属性面板，在动力学-高级选项卡中将"步每帧"和"每步最大解析器迭代"设置一定数值后，可以提高动力学动画的计算精度，如图6-88所示。

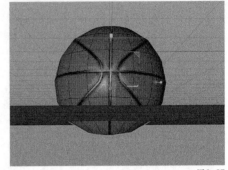

> **提示**　"步每帧"和"每步最大解析器迭代"不要设置得过大，否则播放预览动画时将会变得极慢。

图6-87

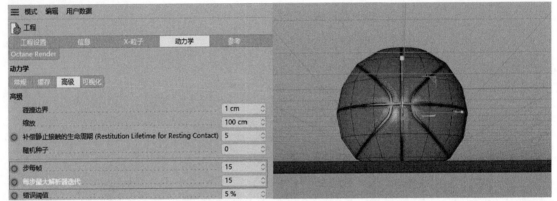

图6-88

知识点 4 烘焙对象和清除对象缓存

　　学会使用烘焙对象和清除对象缓存功能是非常重要的，在进行动力学动画测试时，为了方便观察，可以对调试好的动画进行烘焙。在柔体标签的属性面板中选择缓存选项卡，找到"烘焙对象"按钮和"清除对象缓存"按钮，如图6-89所示。单击"烘焙对象"按钮 `烘焙对象` ，系统将自动计算当前动力学对象的动画效果（动画预览），并保存到内部缓存中。烘焙完后，播放动画即可观察到动画效果，使用时间滑块可以观察每一帧的动力学动画。单击"清除对象缓存"按钮 `清除对象缓存` 可以清除烘焙完成的动画预览缓存，之前的动画缓存将被清除。刚体标签属性面板也有相同的设置。

第5节　柔体案例

　　掌握了本课的知识点后，下面制作图6-90所示的柔体案例。完成本案例可以掌握制作柔体动画的基本流程和思路，提高制作柔体动画的技巧。

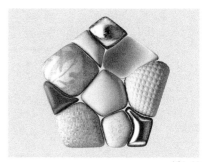

图6-89 图6-90

本案例涉及的知识点主要包括柔体标签中的"构造"和"压力"等参数的设置，以及烘焙对象和基础场景的渲染设置等，相关操作步骤如下。

操作步骤

■ **步骤1 打开基础工程文件**

打开项目文件，找到本课素材中的渲染工程设置文件夹，选择并打开"柔体动画_渲染工程设置.c4d"文件，请在此项目工程的基础上完成本案例的制作，如图6-91所示。

■ **步骤2 为对象添加柔体标签**

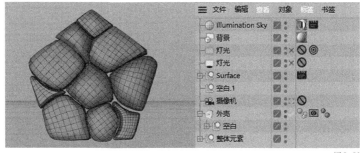

图6-91

01 在对象面板中选择"整体元素" ，单击鼠标右键执行"模拟标签－柔体"命令，为其添加柔体标签如图6-92所示。

02 选择对象面板中的"外壳" ，单击右键执行"模拟标签－碰撞体"命令，为其添加碰撞体标签，如图6-93所示。

■ **步骤3 设置柔体标签参数**

图6-92 图6-93

在柔体标签属性面板中将"压力"设置为"20"，保持"体积"为"100%"，将"构造"设置为"50"，如图6-94所示。

■ **步骤4 设置重力**

按快捷键Ctrl+D打开工程属性面板，对重力参数进行设置，如图6-95所示。

■ **步骤5 提高计算精度并烘焙对象**

01 打开工程属性面板，在"动力学－高级"选项卡中将"步每帧"和"每步最大解析器迭代"值均设置为"25"，如图6-96所示。

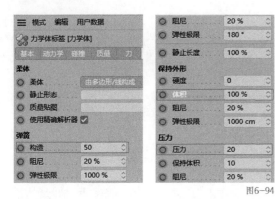

图6-94

图6-95

02 在柔体标签属性面板的缓存选项卡中，单击"烘焙对象"按钮，进行动画烘焙，如图6-97所示。

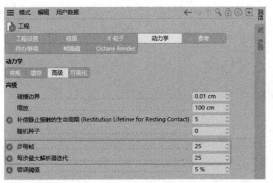

图6-96

图6-97

■ 步骤6 挑选画面并添加细分曲面

01 将时间滑块移至第5帧左右，选择画面，如图6-98所示。

02 为整体元素添加细分曲面，并在细分曲面的属性面板中将"编辑器细分"设置为"2"，如图6-99所示。

■ 步骤7 材质属性调节/渲染输出

01 单击材质面板里的颜色材质球，将其拖曳到对应模型上，即可完成单个模型的材质添加，如图6-100所示。

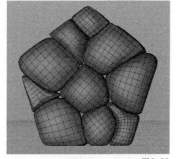

图6-98

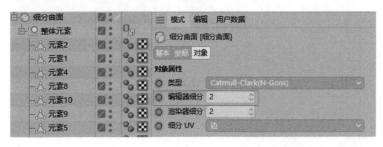

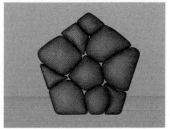

图6-99

02 在对象面板标签区域中单击元素7材质标签，在下方的材质属性面板中设置"平铺U"为"5"，"平铺V"为"5"，如图6-101所示。

03 在对象面板标签区域中单击元素5材质标签，在下方的材质属性面板中设置"平铺U"为"20"，"平铺V"为"20"，如图6-102所示。

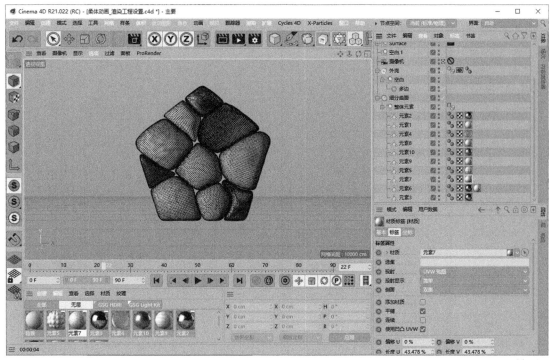

图6-100

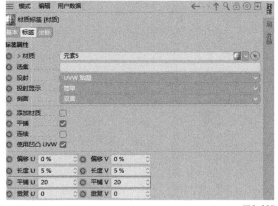

图6-101 图6-102

04 在对象面板标签区域中单击元素6材质标签，在下方的材质属性面板中，设置"平铺U"为"1.25"，"平铺V"为"1.25"，如图6-103所示。

■ **步骤8 设置渲染参数**

单击"编辑渲染设置"按钮，在"渲染设置"窗口中设置渲染输出相关参数，渲染完成后，调节滤镜，提高"饱和度"为"30"左右，完成本案例的制作，效果如图6-104所示。

图6-103

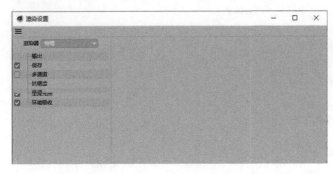

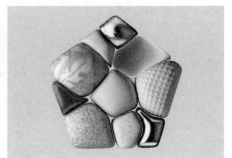

图6-104

第6节 布料系统

在影片中，经常会出现布料。与柔体不同的是，布料的表面会有许多褶皱的细节，并且在受到碰撞时表面会产生自然的拉伸。虽然Cinema 4D中有的效果器和变形器也能够模仿布料的效果，但是在真实度和还原度上，还是差了许多。在Cinema 4D中还有更高级的方法，那就是利用布料系统去模拟。为对象添加模拟标签中的"布料""布料碰撞器"和"布料绑带"，能够快速解决这些问题，如图6-105所示。

接下来创建一个布料的动画，介绍制作布料动画的基本流程。

图6-105

知识点 1 创建布料碰撞

选择需要成为布料的对象，然后单击鼠标右键执行"模拟标签-布料"命令。同时，需要一个对象与布料产生碰撞，在对象面板中选择指定的对象，单击鼠标右键执行"模拟标签-布料碰撞器"命令，如图6-106所示。

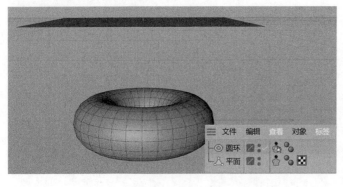

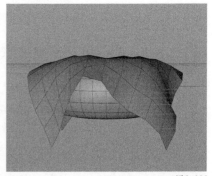

图6-106

播放布料动画，观察发现布料对象与其他对象发生碰撞后，表面看起来比较生硬。这是因为动力学在计算布料时，是基于布料对象的点、边和面的数量来进行的，不同的面数，会得到不同的布料效果。此时可以在面模式下，在透视视图的空白区域中单击鼠标右键执行"细分"命令，将"细分"值设置为"2"，单击"确定"。再次播放布料动画，观察发现布料表面看起来更加柔软，如图6-107所示。

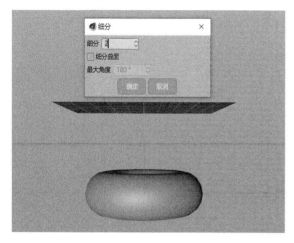
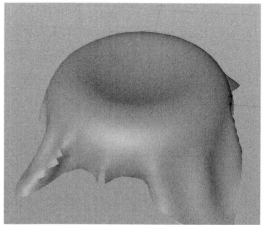

图6-107

现实中的布料是有厚度的，因此需要为布料对象添加布料曲面，将布料曲面属性面板下的"厚度"设置为"0.2cm"，如图6-108所示。最后，为了让布料表面的褶皱看起来更加平滑，可以为其添加细分曲面，将细分曲面属性面板下的细分设置为"2"或"3"。这样整个布料的细节就会完全呈现出来，如图6-109所示。

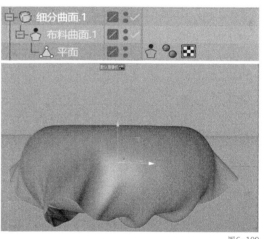

图6-108

图6-109

提示 模拟布料的对象需要转换为可编辑对象后才能产生布料模拟效果，普通的参数对象模型不会参与动力学计算。

知识点 2 影响布料表面的重要参数

在布料标签属性面板中选择标签选项卡，可以看到调节布料表面的全部参数，如图6-110所示。

"自动"选项默认是勾选的。取消勾选该选项后，可以自定义设置布料模拟的开始和停止时间，如图6-111所示。

"迭代"可以设置布料表面的舒展程度，迭代的数值越大，布料越舒展，布料表面看起来会越硬。调节该参数也可以模拟现实中的硬塑料和某些皮质效果。图6-112所示为"迭代"数值为"1"时，布料与其他物体碰撞后的状态。图6-113所示为"迭代"值为"10"时与其他物体碰撞后舒展的状态。

"硬度"默认为"100%"。当其数值设置"0%"的时候，可以模拟一些表面凹凸不平的布料。因为动力学在模拟布料对象时，会通过这个数值去影响模型表面的硬度范围，所以当数值为"0%"时，相当于每个面都没有硬度，如图6-114所示。

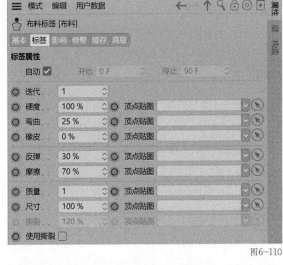

图6-110

图6-111

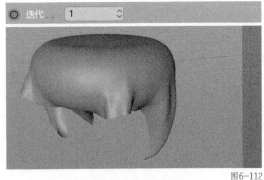

图6-112

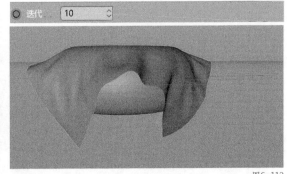

图6-113

现实中一块湿润的布料从高处下落与物体产生碰撞后，表面会有拉伸的现象。要模拟这种现象，可以减小"弯曲"参数的数值，让布料对象每个面与面之间的弯曲的程度降低。再适当提高"橡皮"参数的数值来增强布料表面的拉伸程度，即可实现该效果，如图6-115所示。

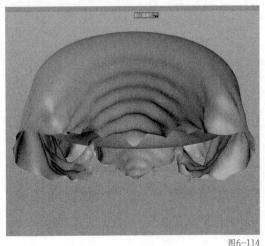

图6-114

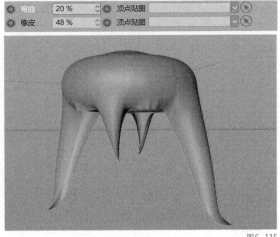

图6-115

通常想让一块布料变得很光滑时，可以将"摩擦"数值设置为"0%"，如图6-116所示。还可以将"摩擦"数值设置为"100%"，这样布料在滑落的过程中会比较慢，可以体现出布料的粗糙效果，如图6-117所示。

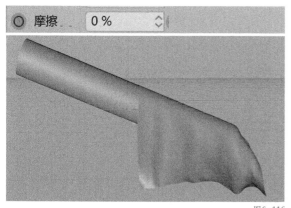

图6-116

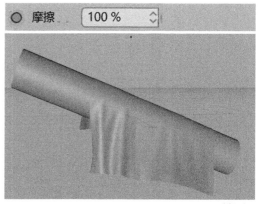

图6-117

"反弹"的默认值为"30%"，如果将其设置为"666%"，那么布料对象的每个面与其他物体碰撞后的反弹会更加剧烈，如图6-118所示。通常这个参数保持默认即可。这里值得一提的是，布料碰撞器属性面板中也有同样的参数。因为在现实中，被碰撞的物体也有自身的摩擦和反弹效果，所以这两个标签的反弹和摩擦参数是互相独立发生影响的，如图6-119所示。

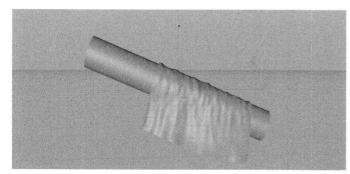

图6-118

图6-119

布料的"尺寸"小于"100%"时，碰撞前的起始尺寸将变小，如图6-120所示。

勾选"使用撕裂"后将激活"撕裂"选项，如图6-121所示。"撕裂"主要用来控制布料与物体碰撞时差生的撕裂程度，"撕裂"的数值越大，布料裂开的细节越多，如图6-122所示；"撕裂"值越小，撕裂细节越少，如图6-123所示。在撕裂过程中，还需要给布料对象添加布料曲面，如图6-124所示，否则撕裂的结果将是错误的，如图6-125所示。

图6-120

图6-121

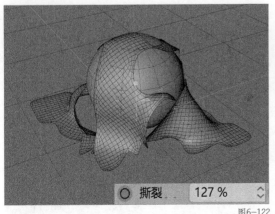

图6-122

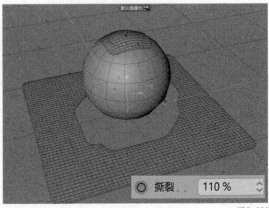

图6-123

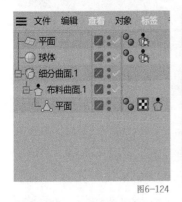

图6-124

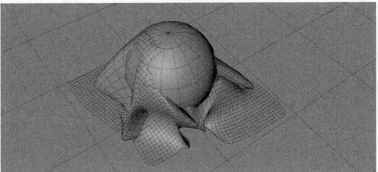

图6-125

提示 以上操作都可以通过添加顶点贴图来影响布料表面细节，如图6-126所示。

知识点3 布料标签的风力场

在布料标签属性面板中选择影响选项卡，可以看到有许多关于风力场的参数，还可以看到与重力相关的参数，如图6-127所示。接下来将通过制作小旗动画讲解其中的常用参数。

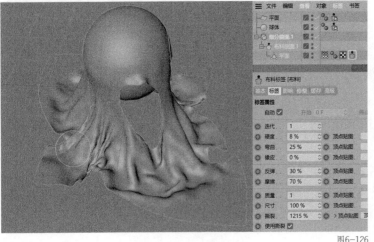

图6-126

图6-127

在新的场景中使用基础模型做好小旗，为场景中的模型分别添加布料标签和布料碰撞器，如图6-128所示。

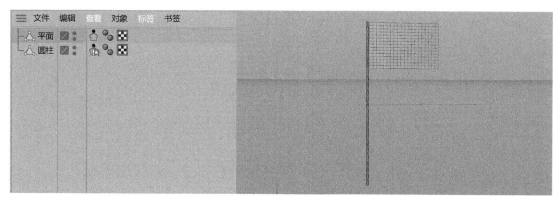

图6-128

在布料标签属性面板中选择影响选项卡，分别将"风力方向.X"设置为"1.5cm"、"风力方向.Z"设置为"1cm"、"风力强度"设置为"4"。这样设置可以控制风的方向和强度。播放动画，小旗受风的影响被吹走，如图6-129所示。

可以看到，小旗不仅受到了风的影响被吹走，而且还产生了下落。这是因为影响选项卡中的"重力"默认数值是"-9.81"，所以小旗会下落。小旗掉落还有一个原因是小旗的另一端并没有固定。如果想要小旗被固定，还需要借助布料标签中的固定点设置，如图6-130所示，固定点设置在布料标签的修整选项卡中可以找到。

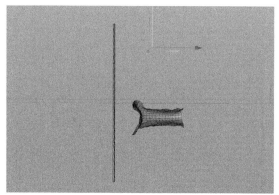

图6-129

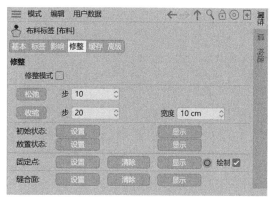

图6-130

在设置固定点之前要选择固定的点。在对象面板中选中需要设置固定点的模型，并在点模式下框选需要固定的点，如图6-131所示。

接下来在布料标签属性面板修整选项卡中单击固定点"设置"按钮 设置 。此时原有的黄色点变了颜色，这说明选择的点已经被固定了，如图6-132所示。

经过以上的设置，观察小旗表面，细节还不够。为了让小旗的表面飘得更加自然，可以分别将"重力"参数设置为"-1"，"风力湍流强度"设置为"1"，"风力湍流速度"设置为"2"，最后为小旗添加布料曲面和细分曲面，播放动画，小旗表面的褶皱有了明显细节，如图6-133所示。

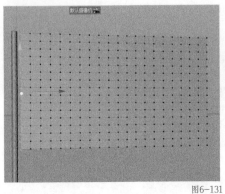

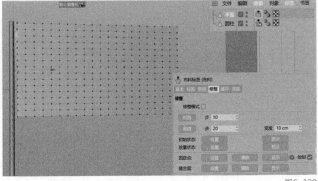

图6-131　　　　　　　　　　　　　　　　　　　　　　　图6-132

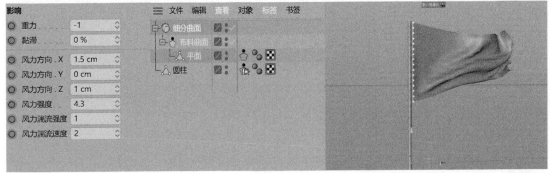

图6-133

知识点 4 提高布料模拟精度

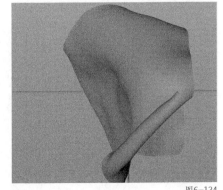

模拟一个真实布料，除了看表面细节，还要看布料自身的碰撞。再次播放小旗动画，发现布料对象的表面有明显的穿插现象，如图6-134所示。

原因是Cinema 4D为了让用户在制作布料动画时有流畅的体验，并没有开启"本体碰撞"参数。在布料标签属性面板的高级选项卡中勾选"本体碰撞"选项，可以避免复杂的布料出现交叉现象。同时为了使布

图6-134

料的计算结果更精准，还可以适当提高"子采样"的数值，增加布料每帧模拟计算的次数，如图6-135所示。图6-136所示为经过提高布料计算精度后的小旗，表面细节更丰富。

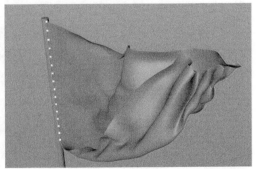

图6-135　　　　　　　　　　　　　　　　　　　　　　　图6-136

知识点 5 布料缓存设置

当布料碰撞计算完成，计算缓存后再播放动画，场景中不需再次计算碰撞即可顺畅预览动画。渲染前先缓存动力学计算，可避免计算结果的随机性。激活缓存模式，计算缓存后单击"保存"按钮 保存… 保存，需要调用更改时单击"加载"按钮 加载… 即可，如图6-137所示。有关计算缓存的设置，在布料标签属性面板的缓存选项卡中可以找到。

知识点 6 布料绑带应用

使用布料绑带标签可以将布料绑定在另一个对象上面。该标签通常用来模拟窗帘和工厂加工的传送带挡板等类似的效果。布料绑带属性面板如图6-138所示。

图6-137

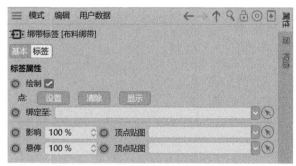

图6-138

在对象面板中选择被绑定的布料对象，单击鼠标右键执行"模拟标签-布料绑带"命令，如图6-139所示。

在点模式下选择布料对象需要绑定的点，如图6-140所示。

图6-139

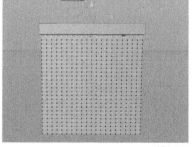

图6-140

接着，选择对象面板中的绑定对象，将其拖曳到布料绑带属性面板的"绑定至"右侧框内，单击"设置"按钮 设置 完成绑定，如图6-141所示。

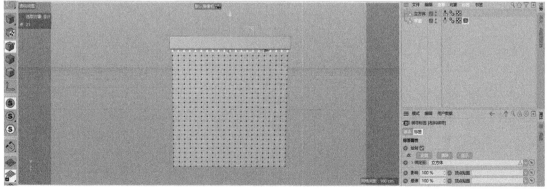

图6-141

第7节 布料案例

掌握了本课的知识点后，下面制作图6-142所示的布料案例。完成本案例可以掌握制作布料动画的基本流程和思路，提高制作布料动画与技巧。

本案例涉及的知识点主要包括布料标签中影响布料表面效果的相关参数设置，以及提高模拟精度和烘焙布料对象的设置等。相关操作步骤如下。

操作步骤

■ 步骤1 打开基础工程文件

打开项目文件，找到本课素材包中的工程设置文件夹，选择并打开"布料动画_渲染工程设置.c4d"文件，请在此项目工程的基础上完成本案例的制作，如图6-143所示。

图6-142　　　　　　　　　　　　　　　　图6-143

■ 步骤2 创建主体模型

01 新建参数对象平面，并调整其对象属性，如图6-144所示。

02 将平面沿y轴向上移动一段距离，并调整其坐标属性，如图6-145所示。

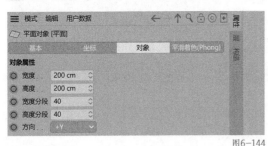
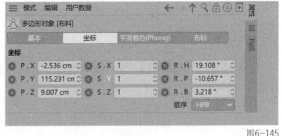

图6-144　　　　　　　　　　　　　　　　图6-145

03 将"平面"重新命名为"布料"，并按快捷键C将其转换为可编辑对象。

■ 步骤3 添加布料标签和布料碰撞器标签

01 选择"布料"，单击鼠标右键执行"模拟标签-布料"命令。

02 在对象面板中框选"元素1" 元素1、"元素2" 元素2 和"元素3" 元素3，单击鼠标右键执行"模拟标签-布料碰撞器"命令，如图6-146所示。

图6-146

■ 步骤4 解决布料滑落问题并设置摩擦参数

01 选择布料标签，在布料标签属性面板中选择标签选项卡，将"摩擦"设置为"100%"，如图6-147所示。

02 在对象面板的标签区域中选择布料碰撞器标签，如图6-148所示，将布料碰撞器属性面板中的"摩擦"设置为"100%"。

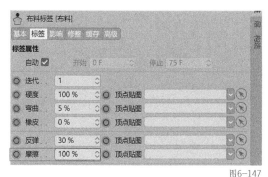

图6-147

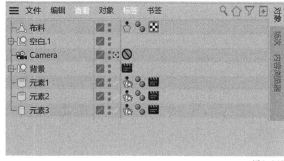

图6-148

■ 步骤5 调节布料表面碰撞细节

在布料标签属性面板中选择标签选项卡，分别将"迭代"设置为"16"，"弯曲"设置为"30%"，"尺寸"设置为"90%"，如图6-149所示。

■ 步骤6 提高布料计算精度并设置缓存

01 在布料标签属性面板中选择高级选项卡，将"子采样"设置为"5"，并勾选"本体碰撞"选项，如图6-150所示。

02 在布料标签属性面板中选择缓存选项卡，并单击"计算缓存"按钮 计算缓存 开始计算，如图6-151所示。

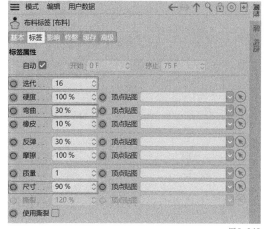

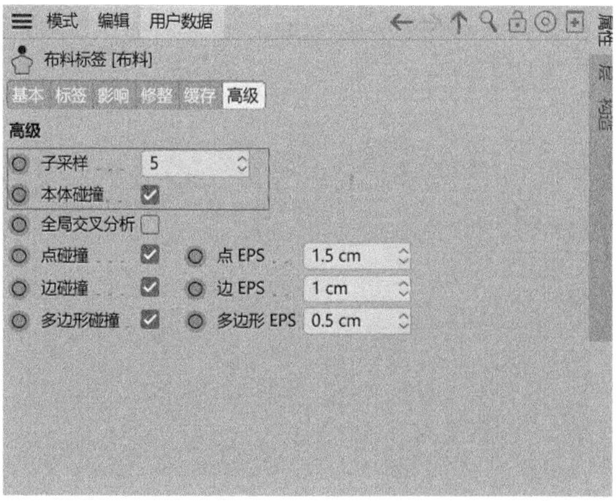

图6-149

图6-150

图6-151

■ 步骤7 添加细分以平滑布料

为"布料"  分别添加布料曲面和细分曲面，如图6-152所示，在布料曲面属性面板下将"厚度"设置为"0.2cm"。

■ 步骤8 添加并调节材质

01 单击材质面板里的颜色材质球，将其拖曳到对应模型上。

02 在对象面板标签区域单击布料材质标签 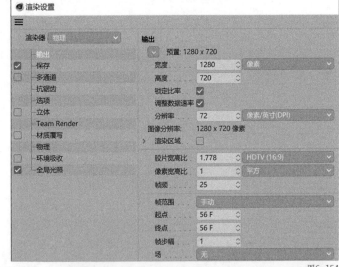，在下方的材质属性面板中将"投射"设置为"立方体"，将"长度U"设置为"30"，将"长度V"设置为"30"，如图6-153所示。

图6-152

图6-153

■ 步骤9 设置渲染参数并调节滤镜

01 在对象面板中找到渲染设置组下的摄像机，单击 图标，激活渲染摄像机。

02 单击"编辑渲染设置"按钮，在"渲染设置"窗口中设置渲染输出相关参数，完成渲染，如图6-154所示。

03 在"图片查看器"窗口的滤镜选项组中勾选"激活滤镜"，对图片进行后期调色，完成本案例的制作，如图6-155所示。

图6-154

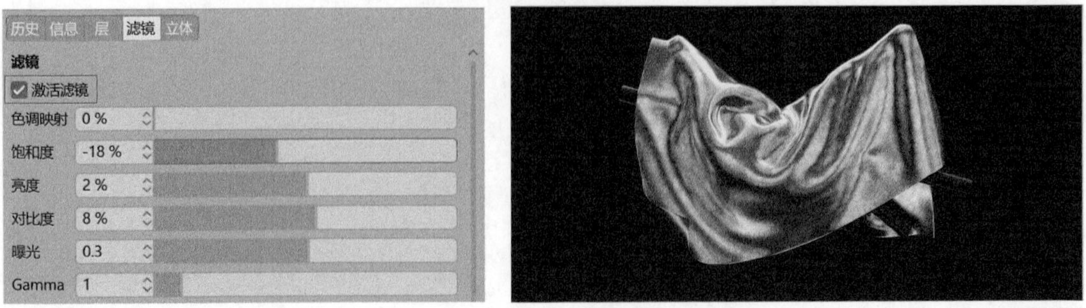

图6-155

至此，本课内容讲解完毕，本课涉及的相关知识点较多，建议读者多加练习。初学者学习刚体系统和布料系统，对各项参数和使用逻辑的理解是很重要的，因为用动力学模拟动画需要把控很多细节。针对本课的案例，建议读者熟练掌握相关模拟动画知识点后，多多尝试创建新动画，发挥自己的特长，完成一件自己独立创作的作品。

本课练习题

1. 填空题

（1）为参数对象添加布料标签不会被识别，需要将参数对象_____才能被布料标签识别为布料。

（2）制作刚体碰撞动画时，需要刚体对象与其他物体产生碰撞，这需要为指定的碰撞物体添加_____标签，才能产生碰撞。

（3）制作柔体动画时，在柔体标签属性面板中选择柔体选项卡，将_____参数设置为一定的数值，可以模拟一个物体被施加压力后表面膨胀的效果。

（4）在布料标签的属性面板中勾选"使用撕裂"选项后，需要为布料对象添加_____才能产生撕裂效果，否则将会得到错误的效果。

参考答案：

（1）转换为可编辑对象 （2）碰撞 （3）压力 （4）布料曲面

2. 操作题

（1）请用本课所学的刚体标签知识制作图6-156所示的碰撞动画。找到本课素材包中的操作题工程文件夹，选择并打开"操作题练习1.c4d"文件，如图6-157所示。请在此项目工程的基础上完成动画制作并渲染输出。

图6-156

图6-157

操作题要点提示

① 在制作元素过程中，应注意元素有几种类型。可以运用克隆工具和随机效果器制作元素部分。

② 制作动画时，灵活运用刚体标签中的跟随位移设置和跟随旋转设置。

（2）请用本课所学到的刚体标签和柔体标签知识制作图6-158所示的碰撞动画。找到本课学习素材包中的操作题工程文件夹，选择并打开"刚体和柔体操作练习02.c4d"文件，如图6-159所示。请在此项目工程的基础上完成动画制作并渲染输出。

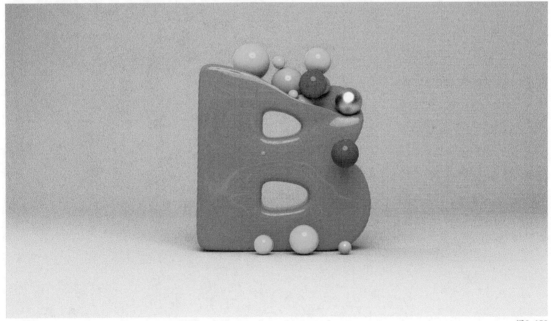

图6-158

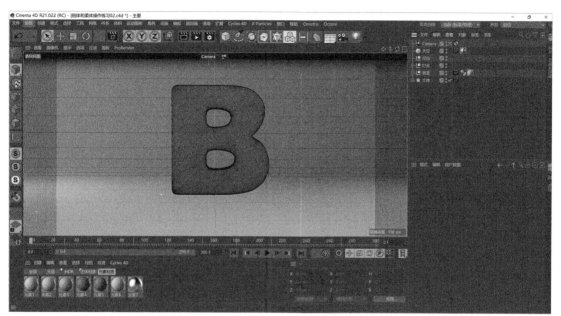

图6-159

操作题要点提示

① 制作元素过程中，应注意元素有几种类型。可以运用克隆工具和随机效果器工具制作元素部分。

② 制作动画时，先观察主体和元素之间的标签类型，再进行标签的添加。

第 **7** 课

粒子系统

在Cinema 4D中，常用的粒子系统有Thinking particles（思维粒子）、X-particle及发射器。Thinking particles简称TP粒子，需要通过表达式控制，较为复杂；X-particle不但非常实用而且很强大，可以做出非常酷炫的效果；发射器简单、易用，在很多地方都用得到。

本课将对发射器进行讲解，并通过对粒子、力场参数的详解及典型案例的制作，让读者对发射器有更深的理解。

本课知识要点

◆ 创建粒子发射器

◆ 粒子发射器的重要参数

◆ 粒子力场

◆ 粒子与克隆的结合应用

◆ 粒子渲染

第1节 初识粒子发射器

发射器就是发射粒子的工具，它可以定义粒子的初始属性，如移动、速度等。发射器可以配合各种各样的力场来使粒子达到非常酷炫的效果。在主菜单栏中执行"模拟-粒子-发射器"命令可以创建发射器，如图7-1所示。

图7-1

第2节 粒子发射器的重要参数

发射器的参数很重要，利用这些参数可以制作出非常震撼的效果。

知识点 1 编辑器生成比率和渲染器生成比率

"编辑器生成比率"定义在视图窗口中发射器每秒创建的粒子数量。"渲染器生成比率"定义在渲染窗口中发射器每秒创建的粒子数量，将生成比率（编辑器生成比率和渲染器生成比率数值一致）分别调整为"10"和"1000"，效果如图7-2所示。

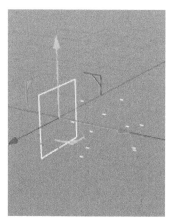 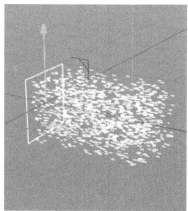 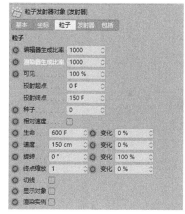

图7-2

知识点 2 可见

"可见"可以影响粒子发射时的数量，但无法对粒子的出生率进行设置。例如，将"可见"调整为"100%"，可以看见发射器发射的所有粒子；将"可见"调整为"0%"，看不见发射器发射的粒子，如图7-3所示。

知识点 3 投射起点和投射终点

"投射起点"和"投射终点"影响粒子发射的时长。将"投射起点"调整为"0F"，表示在第0帧的时候开始发射；将"投射终点"调整为"20F"，表示在第20帧的时候结束发射，如图7-4所示。

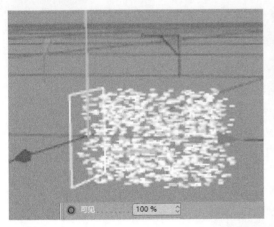

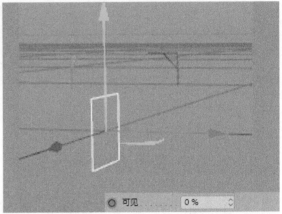

图7-3

知识点4 种子

"种子"的调节范围是"0 ~
10000",将其调整为不同数值
时，发射器发射粒子的位置不
同，如将"种子"调整为"15"
和"0"时，可以看到发射粒子
的位置是不一样的，如图7-5
所示。

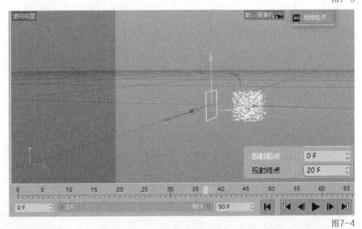

图7-4

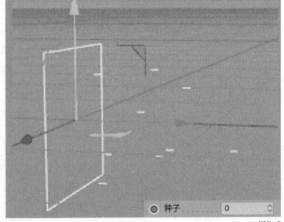

图7-5

知识点5 生命

"生命"影响发射器可见时间的长度。例如，将"生命"值调整为"20F"可见，那么粒
子在第20帧之后将消失。将生命设置为"20F"与"50F"的区别如图7-6所示。"变化"会
随机修改"生命"值，根据"变化"值的大小，单个粒子可以存活更长或更短的时间。

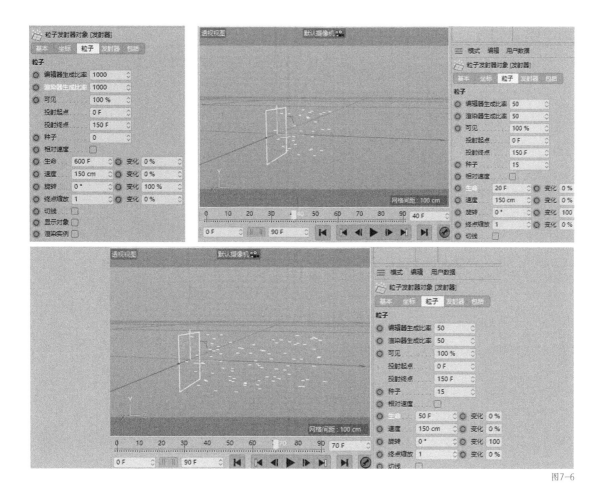

图7-6

知识点 6 速度

"速度"影响单个粒子发射的速度，其数值越大，粒子在视图窗口中显示的时间越长，如图7-7所示。"变化"会给"速度"带来随机性，其值为"100%"时，单个粒子的速度可能会提高一倍，也可能会降低50%。

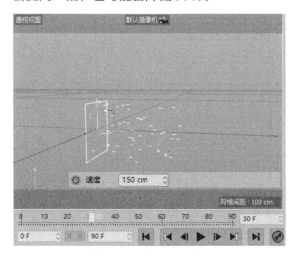
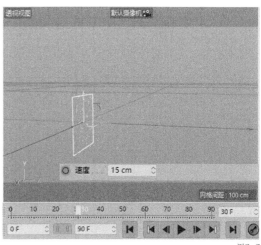

图7-7

知识点 7 旋转

"旋转"让发射出的粒子根据坐标轴旋转。由于自带的粒子的旋转效果不明显，下面创建一个"立方体"作为"发射器"的子级，勾选"显示对象"，就可以让粒子发射出立方体，如图7-8所示。将"旋转"调整为"30°"的效果如图7-9所示。"变化"会随机改变旋转效果，可以让粒子产生随机旋转。

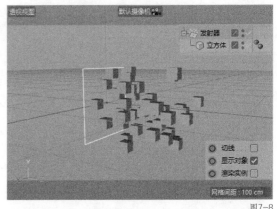

图7-8

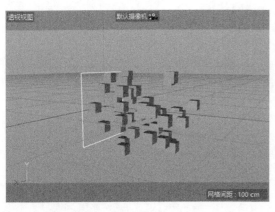

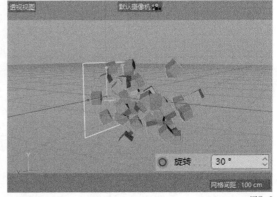

图7-9

知识点 8 终点缩放

"终点缩放"影响粒子的颗粒大小，其影响决定粒子的起始尺寸与最终的尺寸。例如将"终点缩放"调整为"10"，粒子大小会是初始状态的10倍，对比效果如图7-10所示。"变化"定义了缩放的随机因子，使得在动画结束时粒子有时变大，有时变小。

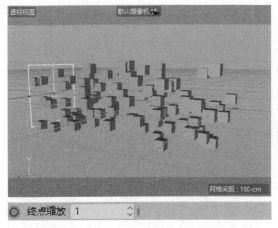

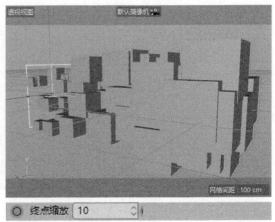

图7-10

知识点 9 显示对象

"显示对象"影响发射器发射出粒子的形态（形态是指发射器发射模型或者样条等）。如将圆环作为发射器的子级，不勾选"显示对象"，粒子在视图窗口中显示为直线；勾选"显示对象"后，发射的粒子就会显示成圆环，如图7-11所示。

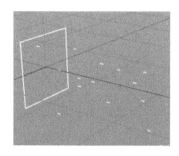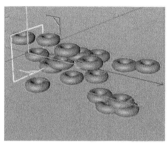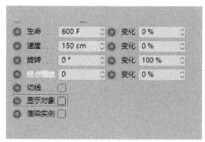

图7-11

> **提示** 使用粒子发射器生成模型的时候一定要将模型调整为发射器的子级才能生效。
>
> 勾选"渲染实例"的作用是可以让渲染的速度快一些，但是会丢失一些视图显示信息，即会少一些粒子，所以选项一般不用勾选。

知识点 10 发射器类型

在粒子发射器属性面板中选择发射器选项卡，可以看到"发射器类型"分为两种，即"角锥"和"圆锥"。

"水平尺寸"与"垂直尺寸"分别影响发射器在x轴与y轴上的长度变化，如图7-12所示。

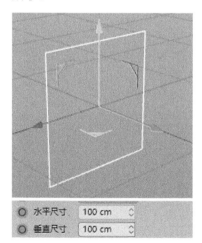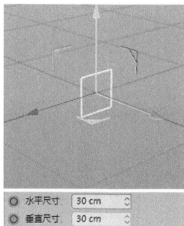

图7-12

"角锥"类型下，"水平角度"变化产生的影响如图7-13所示。"水平角度"影响粒子在xz平面的扩张角度，同理"垂直角度"影响粒子在zy平面上的扩张角度。

"圆锥"类型下，"水平角度"变化产生的影响如图7-14所示。

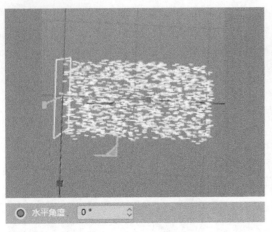

水平角度 0°

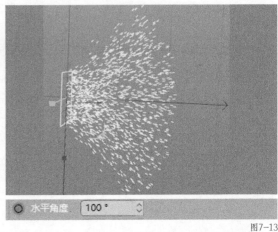

水平角度 100°

图7-13

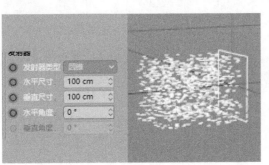

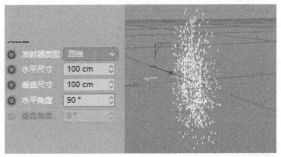

图7-14

第3节 粒子力场

发射器默认发射的粒子是向一个方向固定发射的，如果需要粒子发生符合真实环境的变化，就必须使用粒子系统中的"力场"。例如需要粒子产生重力，就要添加一个"重力场"去影响发射出来的粒子。

知识点 1 如何创建粒子力场

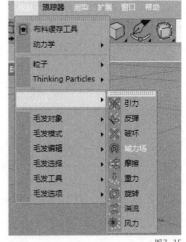

粒子力场可以模拟现实中各种力的效果，让粒子产生丰富的形态。在主菜单栏中执行"模拟-力场"命令，可以显示所有的力场，如图7-15所示，创建出来的力场会在对象面板中显示。

图7-15

> 提示 力场创建后就会对粒子会产生影响。

知识点 2 引力

"引力"可以让发射出的粒子产生向中心点靠近的力，引力是一个径向对称的力，使用引力可以像太阳捕捉行星一样捕捉粒子，也可以使用这个功能制作水的漩涡效果；不受引力作用的粒子将以线性的方式移动，如图7-16所示。

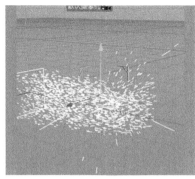

图7-16

下面对引力属性面板中的常用参数进行讲解。

• "强度"影响吸引强度，如果为负值，那么引力会变成斥力。

• "速度限制"防止粒子在场景中移动过快。

• "模式"有"加速度"和"力"两种。选择"加速度"时，力场在不考虑物体质量的情况下旋转物体，即使是重的物体看起来也会像羽毛一样；选择"力"时，力场作用会考虑物体的质量，物体越重，受引力的影响越小。

知识点 3 反弹

创建"反弹"力场后会形成一个黄色的矩形样条，当粒子碰到矩形样条时会产生反弹力，让粒子朝着对角线的方向发射，如图7-17所示。

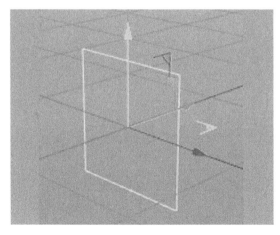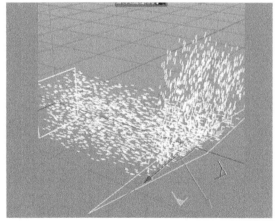

图7-17

下面对反弹属性面板中的常用参数进行讲解。

• "弹性"控制反弹的强度。将"弹性"调整为"100%"时，效果如图7-18所示；将"弹性"调整为"0%"时，效果如图7-19所示。

• 如果勾选"分裂波束"选项，平面将分割粒子，一些粒子将被偏转，而其余的粒子则忽略平面不受阻碍地通过，如图7-20所示。

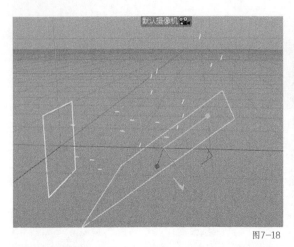

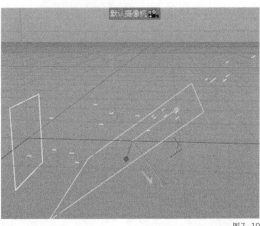

图7-18   图7-19

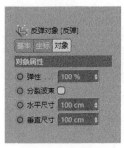

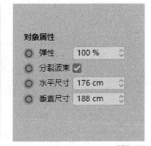

图7-20

- "水平尺寸"和"垂直尺寸"影响平面的尺寸。

知识点 4　破坏

创建"破坏"力场后，视图窗口中会形成一个有黄色外框的立方体，当粒子穿过该立方体的时候会消失，如图7-21所示。

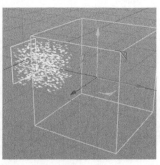

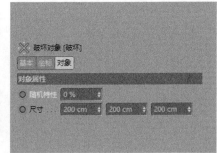

图7-21

下面对破坏属性面板中的常用参数进行讲解。

"随机特性"影响将存活的粒子数。其值为"0%"时，将销毁所有粒子；其值为"100%"时，所有粒子将生存。"尺寸"用于改变黄色立方体的大小。

知识点 5　域力场

添加"域力场"可以以任意形状影响粒子，如图7-22所示。

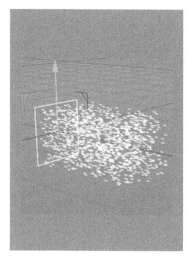

图7-22

知识点6 摩擦

添加"摩擦"力场可以让粒子产生摩擦力，摩擦力越大粒子的运动速度就越慢，如图7-23所示。

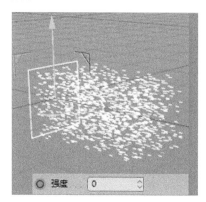
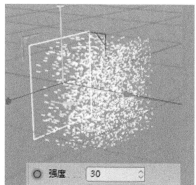

图7-23

下面对摩擦属性面板中的常用参数进行讲解。

• "强度"影响摩擦力的强度，它会使粒子的速度变慢。"强度"也可以是负值，在这种情况下，粒子会加速。

• "角度强度"影响粒子的线性运动，"角度强度"还可以影响刚体的旋转运动。

• "模式"有"加速度"和"力"两种。选择"加速度"时，力场在不考虑物体质量的情况下旋转物体，即使是重的物体看起来也会像羽毛一样；选择"力"时，力场作用会考虑物体的质量，物体越重，受摩擦力的影响越小。

知识点7 重力

创建"重力"力场可以为粒子添加向下的力，使其往下掉，类似于地球引力的效果，如图7-24所示。

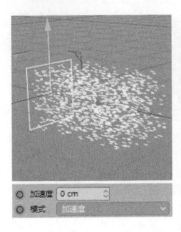
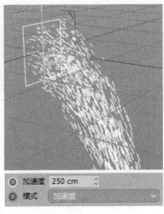

图7-24

下面对重力属性面板中的常用参数进行讲解。

- "加速度"影响重力引起的加速度的强度。

- "模式"有"加速度""力"和"空气动力学风"3种。选择"加速度"时，力场在不考虑物体质量的情况下旋转物体，即使是重的物体看起来也会像羽毛一样；选择"力"时，力场作用会考虑物体的质量，物体越重，受重力的影响越小；选择"空气动力学风"时会产生气流，使物体根据其空气动力形状做出反应。

知识点 8 旋转

创建"旋转"力场可以在 xy 平面上添加一个速度方向，速度方向始终与它的半径连接粒子和力场 z 轴的圆相切。简单地说就是以 z 轴为中心创造一个螺旋的力场，如图7-25所示。

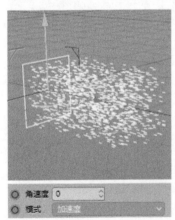
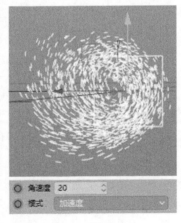

图7-25

下面对旋转属性面板中的常用参数进行讲解。

- "角速度"可以给粒子一个绕 z 轴旋转的速度。

- "模式"有"加速度""力"和"空气动力学风"3种。选择"加速度"时，力场在不考虑物体质量的情况下旋转物体，即使是重的物体看起来也会像羽毛一样；选择"力"时，力场作用会考虑到物体的质量，物体越重，受旋转力影响越小；选择"空气动力学风"时会产生气流，使物体根据其空气动力形状做出反应。

知识点 9 湍流

创建"湍流"力场可以让粒子产生扰乱力的效果，如图7-26所示。

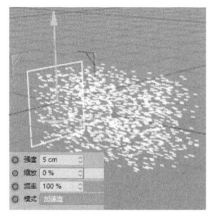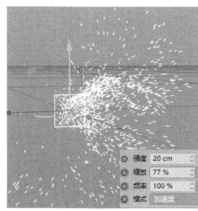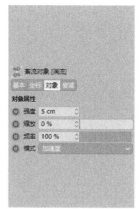

图7-26

下面对湍流属性面板中的常用参数进行讲解。

- "强度"用于控制湍流的强度。
- "缩放"如果被设置为"0%"，则对每个单独的粒子生成随机速度。如果输入任何其他的值，将影响粒子的三维噪波。"缩放"仅定义噪波的大小。噪波值越小，粒子分布得就越分散；噪波值越大，粒子分布得就越均匀，如图7-27所示。

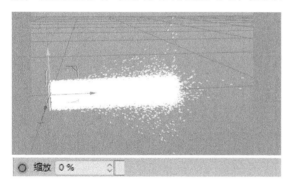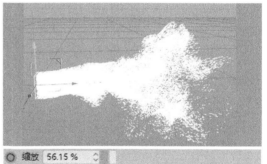

图7-27

- "频率"越低，噪波变化得越慢；"频率"越高，噪波变化得越快；"频率"为"0"时，噪波为静态。
- "模式"有"加速度""力"和"空气动力学风"3种。选择"加速度"时，力场在不考虑物体质量的情况下旋转物体，即使是重的物体看起来也会像羽毛一样；选择"力"时，力场作用会考虑到物体的质量，物体越重，受湍流影响越小；选择"空气动力学风"时会产生气流，使物体根据其空气动力形状作出反应。

知识点 10 风力

创建"风力"力场会使粒子流出现螺旋桨的形状。风力的作用就是模拟真实的风吹，可以让粒子往风向箭头指向的方向移动，如图7-28所示。

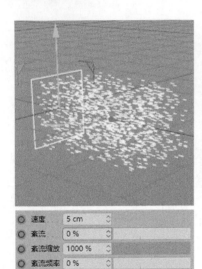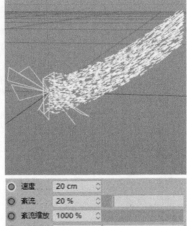

图7-28

下面对风力属性面板中的常用参数进行讲解。

• "速度"控制风力的大小。风的方向在视图窗口中表示为扇形，扇形的黄色箭头指向风的方向。扇形在视窗中旋转的速度可以指示风速。

• "紊流"表示风力受内部三维噪波变化的影响。值越大，紊流越强。这些粒子甚至可以开始朝与风速相反的方向移动。

• "紊流缩放"可以调整用于计算紊流的内部三维噪波的比例。该值越低，粒子的速度变化越大，风将变得更"不稳定"。其值粒子流越均匀，其速度变化越慢。

• "紊流频率"表示噪波随时间的变化，可以输入不等于0的值。其值越小，噪波变化得越慢；较大的值将使噪波变化得加快。

• "模式"有"加速度""力"和"空气动力学风"3种，选择"加速度"时，力场在不考虑物体质量的情况下旋转物体，即使是重的物体看起来也会像羽毛一样；选择"力"时，力场作用会考虑到物体的质量，物体越重，受风力影响越小；选择"空气动力学风"时会产生气流，使物体根据其空气动力形状做出反应。

第4节 粒子结合元素使用

发射器除了受各种力场影响外，还可以结合不同的元素让粒子变成多种形态。本节将讲解粒子结合元素的使用方法。

在主菜单栏中执行"模拟-粒子-发射器"命令，创建一个发射器。创建"圆锥""立方体"和"球体"模型，并将它们调整为"发射器"的子级，如图7-29所示。

在发射器的属性面板中勾选"显示对象"，可以让粒子发射出"圆锥""立方体"和"球体"，如图7-30所示。

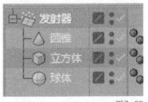

图7-29

第5节 粒子结合运动图形使用

发射器还可以结合运动图形里面的效果产生不同的变化，例如，在主菜单栏中执行"运动图形-克隆"命令可以让发射器变成多个，执行"运动图形-追踪对象"命令可以让粒子产生拖尾的效果。

知识点 1 粒子结合克隆

下面将讲解发射器配合克隆，制作四面喷射粒子的效果。

在主菜单栏中执行"模拟-粒子-发射器"命令，创建一个发射器。为了让发射出的粒子效果更丰富，在主菜单栏中执行"模拟-力场-湍流"命令，创建湍流。

在主菜单栏中执行"运动图形-克隆"命令，将"克隆"调整为"发射器"的子级。为了让克隆对象可以从4个面进行发射，在克隆对象的属性面板中将"模式"调整为"放射"，将"数量"调整为"4"，将"半径"调整为"83cm"，如图7-31所示。

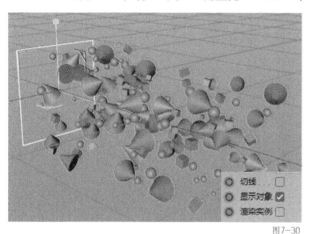
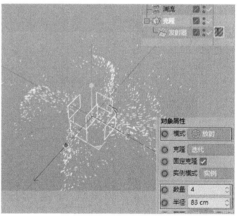

图7-30   图7-31

知识点 2 粒子结合追踪对象

下面将讲解如何让发射器发射的粒子产生拖尾效果。

在主菜单栏中执行"模拟-粒子-发射器"命令，创建一个发射器。为了让粒子发射出丰富的样式，在主菜单栏中执行"模拟-力场-湍流"命令，并将湍流属性里的"强度"调整为"20cm"，将"缩放"调整为"75%"，如图7-32所示。

图7-32

在主菜单栏中执行"运动图形-追踪对象"命令，将"追踪对象"调整为"发射器"的父级，可以让发射的粒子产生拖尾效果，如图7-33所示。

在工具栏中长按"生成器"按钮，选择"扫描"，将其添加到对象面板中。

在工具栏中长按"样条"按钮，选择"圆环"，在圆环对象属性面板中将"半径"调整为"2cm"。将"圆环"与"追踪对象"同时调整为"扫描"的子级，这样就可以让发射器发射出的粒子变成实体模型，如图7-34所示。

提示 "圆环"作为横截面一定要在"追踪对象"的上层。

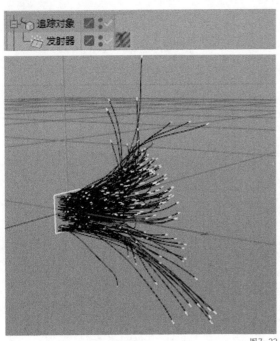

图7-33

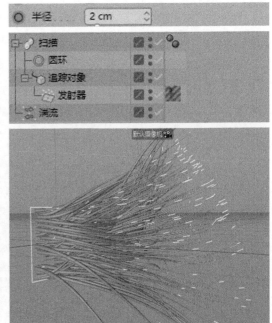

图7-34

第6节 粒子渲染

使用默认的渲染器时，粒子并不能被渲染出来，下面讲解如何利用系统自带的毛发材质渲染粒子。

在材质面板菜单栏中执行"创建-材质-新建毛发材质"命令，将毛发材质拖动到发射器上作为发射器的标签。

在"材质编辑器"窗口中，勾选左侧的"颜色"与"粗细"通道，分别调整粒子的颜色及形态，如图7-35所示。效果如图7-36所示。

提示 使用这种方法可以调整的参数并不是特别多，只能把粒子渲染出来，不能调整显示效果。一般会将自带的粒子直接渲染成模型。

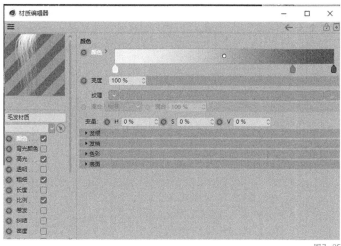

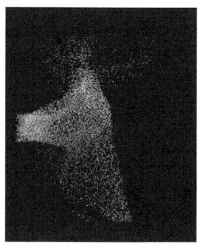

图7-35   图7-36

第7节 粒子案例

掌握本课的知识后，可以制作出图7-37所示的效果。本案例主要利用发射器与追踪对象进行制作，还涉及样条约束、渐变材质等知识点，操作步骤如下。

■ 步骤1 创建粒子发射器

01 在主菜单栏中执行"模拟-粒子-发射器"命令，在粒子发射器属性面板中选择发射器选项卡，将"水平尺寸"调整为"75cm"，将"垂直尺寸"调整为"2cm"。

02 在粒子发射器属性面板中选择粒子选项卡，将"编辑器生成比率"和"渲染器生成比率"均调整为"5000"；将"投射终点"调整为"1F"，

图7-37

让粒子只发射一帧；将"生命"调整为"200F"，将"速度"调整为"136cm"，如图7-38所示。

■ 步骤2 创建追踪对象与扫描

在主菜单栏中执行"运动图形-追踪对象"命令，将"追踪对象"调整为"发射器"的父级，这样可以让发射的粒子产生样条。在工具栏中长按"样条"按钮，选择"矩形"，在矩形对象属性面板中，将"宽度"调整为"2cm"，将"高度"调整为"0.5cm"。在工具栏中长按"生成器"按钮，选择"扫描"，将其添加到对象面板中。将"矩形"与"追踪对象"调整为"扫描"的子级（矩形为横截面一定要在上层），如图7-39所示。

■ 步骤3 转换模型

选择"扫描"，单击鼠标右键执行"当前状态转对象"命令，这样可以将原有的扫描生成

器变成可编辑对象，如图7-40所示。

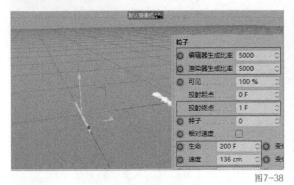

图7-38

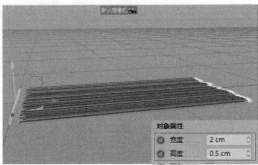

图7-39

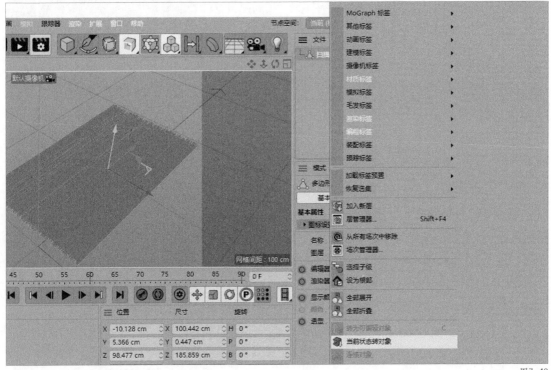

图7-40

提示 这样做的好处是有利于后续的操作，当然也可以保存之前的"扫描"并隐藏作为备份。

■ 步骤4 利用变形器做出形状

01 在工具栏中长按"样条"按钮，选择"样条画笔"，手动画出波浪形的"样条"，如图7-41所示。

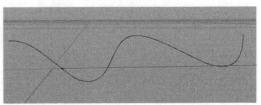

图7-41

02 在工具栏中长按"扭曲"按钮，展开变形器工具组，将样条约束添加到对象面板中，并将可编辑对象"扫描"调整为"样条约束"的父级，如图7-42所示。

03 在样条约束属性面板下选择对象选项卡，将波浪形状样条拖曳入样条约束属性面板中的

"样条"右侧框中，如图7-43所示。

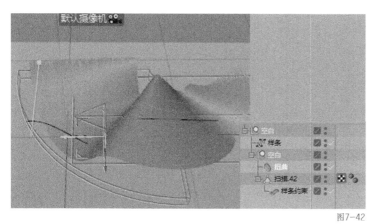

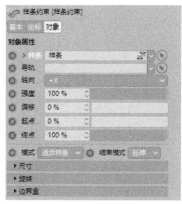

图7-42

图7-43

04 选择扭曲工具，将"尺寸"调整为"128cm""124cm""10cm"左右，将"模式"调整为"无限"，将"强度"调整为"-90°"，勾选"保持纵轴长度"，如图7-44所示。

05 选中对象面板中的所有对象，按快捷键Alt+G进行编组。

■ **步骤5 创建摄像机并导入小汽车素材**

在工具栏中单击"摄像机"按钮，将其添加到对象面板中并摆好位置，在摄像机属性面板中选择对象选项卡，将"焦距"调整为"20"；在场景中添加小汽车模型，如图7-45所示。

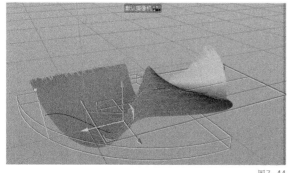

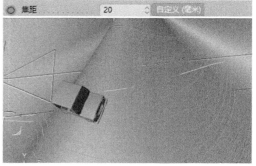

图7-44

图7-45

■ **步骤6 添加辅助线条**

在工具栏中单击"立方体"按钮，创建一个立方体，在立方体属性面板中选择对象选项卡，将"尺寸X"和"尺寸Y"都调整为"1cm"，将"分段Z"调整为"90"，利用样条约束对象做出多个线条并摆好位置，如图7-46所示。

■ **步骤7 创建材质**

01 双击材质面板创建材质球。在"材质编辑器"窗口中，勾选左侧的"颜色"通道，将"纹理"调整为"渐变"，单击渐变颜色条将渐变的颜色改成图7-47所示的效果。

02 由于使用了扭曲等变形器，出现了渐变的贴图对不上的情况，因此需要添加一个用于黏滞纹理的标签。在"扫描42"上单击鼠标右键，执行"材质标签-固定材质"命令，并在属性面板中单击一下"记录"按钮，如图7-48所示。

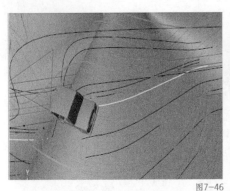

图7-46

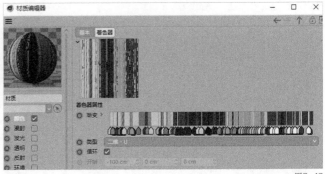

图7-47

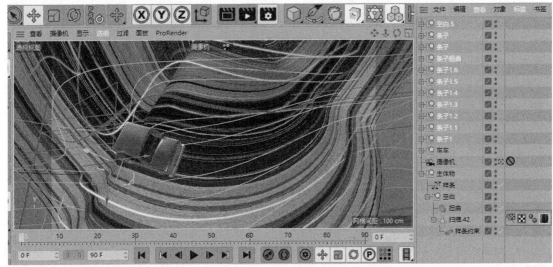

图7-48

03 为小汽车添加金属菲涅耳材质。双击材质面板创建材质球，在"材质编辑器"窗口中，勾选左侧的"颜色"通道，将颜色调整为红色，如图7-49所示。

04 勾选左侧的"反射"通道，单击"添加"按钮，执行"反射（传统）"命令，会生成"层1"，在层选项卡中将"层1"的百分比调整为"68%"，如图7-50所示。选择层1选项卡，将"粗糙度"调整为"11%"，将"纹理"调整为"菲涅耳（Fresnel）"，如图7-51所示。

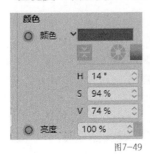

图7-49

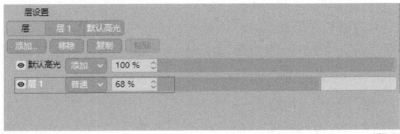

图7-50

■ 步骤8 创建灯光

01 在工具栏中单击"灯光"按钮，在对象面板中创建两盏灯光。在灯光对象属性面板中选择对象选项卡，分别调整两盏灯光的位置：P.X为"-92"，P.Y为"143"，P.Z为"134"；P.X为"129"，P.Y为"170"，P.Z为"-122"。选择常规选项卡，将辅光的"强度"调整为

"90%"，将"投影"调整为"区域"。选择细节选项卡，将"衰减"调整为"平方倒数（物理精度）"。

02 在工具栏中长按"地面"按钮，展开场景工具组，选择"天空"，将其添加到对象面板中。双击材质面板添加材质球，在"材质编辑器"窗口中，勾选左侧的"发光"通道，在"纹理"中导入一张素材图片作为环境，并拖曳材质球给天空，如图7-52所示。

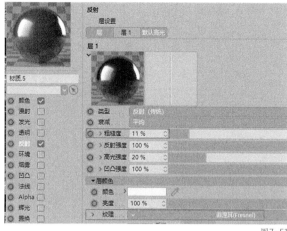

图7-51

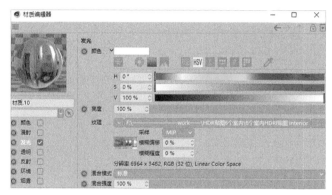

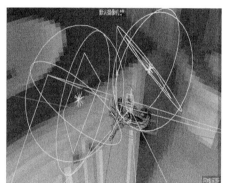

图7-52

■ 步骤9 渲染设置

在工具栏中单击"渲染设置"按钮，弹出"渲染设置"窗口，将渲染器调整为"物理"，在右侧面板中将"采样品质"调整为"中"；单击"效果"按钮选择"全局光照"，在右侧面板中选择常规选项卡，将"二次反弹算法"调整为"辐照缓存"；再次单击"效果"按钮，选择"环境吸收"；勾选左侧的"保存"，将图片"格式"调整为"PNG"，勾选"Alpha通道"，如图7-53所示。

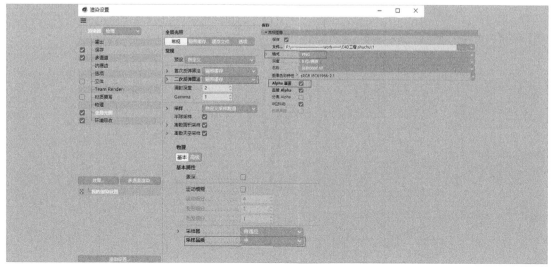

图7-53

■ **步骤10　渲染**

在工具栏中单击"渲染到图片查看器"按钮，快捷键为Shift+R，进行最后的渲染，如图7-54所示。

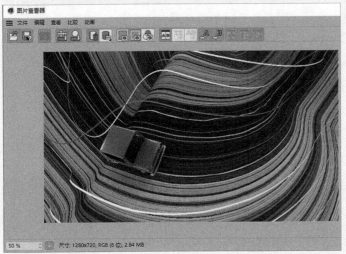

图7-54

本课练习题

操作题

结合本课所学粒子系统的知识制作图7-55所示的模型。

图7-55

操作题要点提示

　① 螺旋与毛发的效果可以利用力场与追踪对象制作。

　② 材质颜色允许有所不同。

　③ 注意画面的构图及比例。

第 **8** 课

毛发系统

本课讲解Cinema 4D的毛发系统。Cinema 4D的毛发系统能够模拟包括头发、羽毛、绒毛、草或其他毛发的效果。本课将重点讲解毛发对象和毛发工具的使用方法，同时结合相关案例，帮助读者快速模拟出常见的毛发效果，为动画增加丰富逼真的毛发元素。

本课知识要点

◆ 3种毛发对象

◆ 毛发材质

◆ 毛发编辑

◆ 毛发案例制作

第1节 毛发对象

Cinema 4D毛发系统提供了3种毛发对象。本节将从简单到复杂，分别讲解"绒毛""羽毛对象"和"添加毛发"命令，通过对3种毛发对象的讲解，帮助读者快速了解不同类型的毛发效果。

知识点1 绒毛

绒毛对象是基础毛发对象，使用它可以快速高效地创建草坪等基础毛发效果。

添加绒毛对象。选择模型对象，在主菜单栏中执行"模拟-毛发对象-绒毛"命令，添加绒毛对象，如图8-1所示。

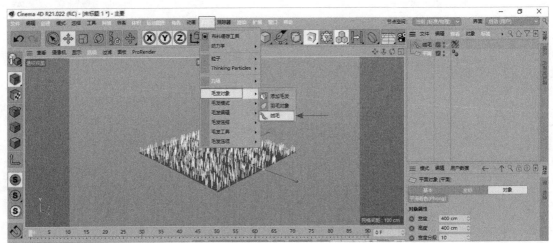

图8-1

设置绒毛对象的属性。绒毛的对象属性主要包括"数量""分段""长度""变化"和"随机分布"等。其中，"分段"是每根毛发的细分数，其值越大，毛发扭曲变形后的形态越平滑。"随机分布"可以改变毛发根部的倾斜角度，如图8-2所示。

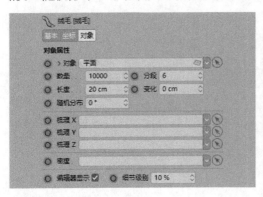
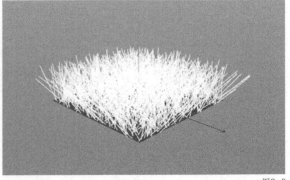

图8-2

提示 可以在"梳理X""梳理Y""梳理Z"和"密度"右侧框内添加顶点贴图标签来影响毛发生长方向和生长范围，如图8-3所示。

图8-3

知识点 2 毛发材质

当模型成功添加毛发对象后，会自动创建毛发材质标签。在"材质编辑器"窗口中，调整毛发材质的参数，可实现丰富的毛发渲染形态，如图8-4所示。

下面介绍毛发材质核心参数。

● 颜色。毛发材质颜色以渐变色呈现，渐变的左端表示发根颜色，右端表示发梢颜色。同时，可以添加自定义贴图纹理来影响毛发在不同范围内的颜色，如图8-5所示。

● 高光。"高光"用来设置毛发的高光强度和范围，分为主要高光和次要高光。"强度"设置毛发的高光强度。"锐利"设置毛发高光范围，数值越大，高光范围越小，如图8-6所示。

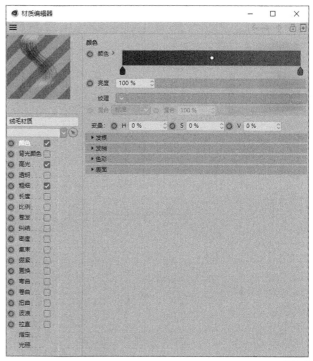

图8-4

图8-5

图8-6

　　●"粗细"可以分别修改毛发的发根和发梢的粗细。一般情况下，毛发越细，渲染结果越真实，同时毛发数量也应随之增加，如图8-7所示。

　　●"卷发"可以让毛发变为卷曲形态。卷曲幅度越大，需要的毛发分段数就越大，以保证毛发的顺滑，如图8-8所示。

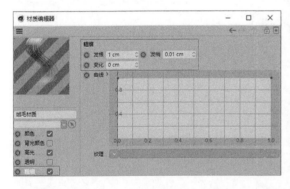

图8-7

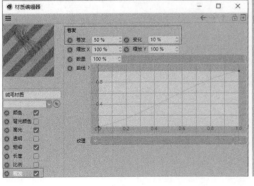

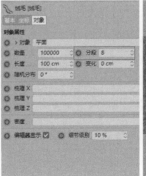

图8-8

• "集束"可对毛发进行团状聚集，如图8-9所示。

图8-9

> **提示** 使用毛发材质可以实现丰富的毛发形态。下面将通过案例讲解，来让读者深入了解各个通道的使用技巧。

知识点 3　绒毛应用案例

掌握了绒毛对象的基础属性后，结合毛发材质，可以制作出图8-10所示的案例效果。

1．打开案例工程文件

在主菜单栏中执行"文件－打开项目"命令，打开本课素材包中的"绒毛案例_渲染工程_开始文件.c4d"文件，请在此工程文件的基础上完成本案例绒毛效果的制作。

2．添加绒毛对象

在对象面板中选择红色球体01对象，在主菜单栏中执行"模拟－毛发对象－绒毛"命令，添加绒毛对象，如图8-11所示。

图8-10

3．调整绒毛对象属性

在对象面板中选择绒毛，修改绒毛对象的属性，如图8-12所示。

4．调整毛发材质

在材质面板中双击毛发材质球，勾选"材质编辑器"窗口左侧的"颜色""高光""粗细""卷发""集束""卷曲"通道，并调整相关参数，如图8-13所示。

5．修改毛发材质

依次为场景中的模型添加绒毛对象，并根据红色模型绒毛材质进行参数的设置和修改，如图8-14所示。

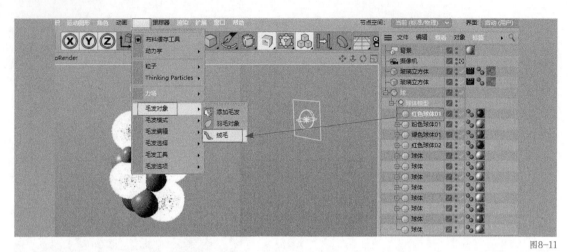

图8-11

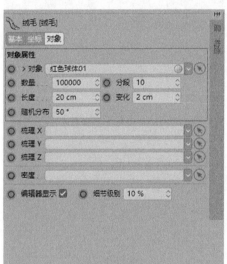

图8-12

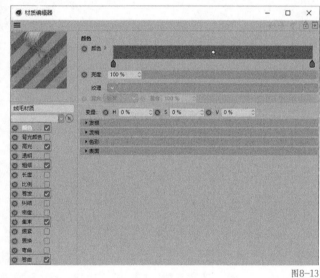

图8-13

图8-14

6. 设置渲染参数

单击"编辑渲染设置"按钮 ，在"渲染设置"窗口中设置渲染输出的相关参数。本案例制作完成，如图8-15所示。

知识点4 羽毛对象

羽毛对象是一种特殊的毛发对象，主要实现鸟类羽毛这一类特殊毛发效果。

羽毛对象的创建。在工具栏中单击"样条画笔"按钮 ，绘制S形样条。在主菜单栏中执行"模拟-毛发对象-羽毛对象"命令，同时将S形样条作为"羽毛对象"子级，如图8-16所示。

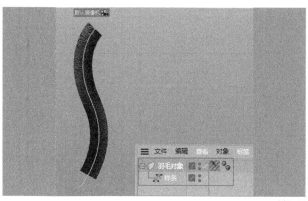

图8-15　　　　　　　　　　　　　　　　　　　　　　　　　图8-16

羽毛对象羽支形态的制作。在羽毛对象的对象选项卡中设置"羽轴半径""开始""结束""羽支间距"和"羽支长度"，如图8-17所示。

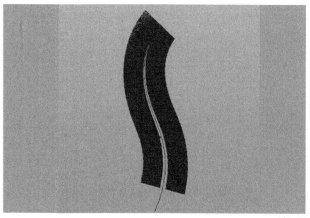

图8-17

在羽毛对象的形状选项卡中调整"梗"的样条曲线，制作羽毛的基础形态，如图8-18所示。

在羽毛对象的形状选项卡中调整截面的样条曲线；同时在羽毛对象的对象选项卡中设置"置换"参数，调整羽毛弯曲方向，细化羽毛形态，如图8-19和图8-20所示。

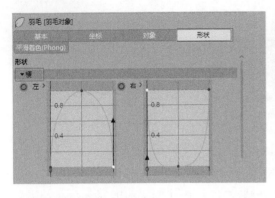
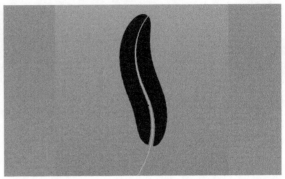

图8-18

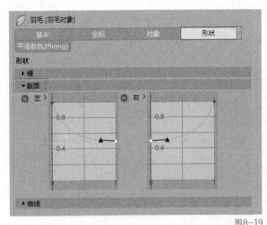

图8-19

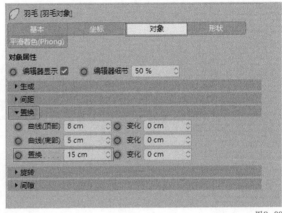

图8-20

在工具栏中长按"样条画笔"按钮，展开样条工具组，选择"圆环"，将圆环添加到对象面板中，如图8-21所示。同时，在工具栏中长按"挤压"按钮，展开生成器工具组，选择"扫描"，将扫描添加到对象面板中，如图8-22所示。在对象面板中复制样条，将"圆环"和复制的样条作为"扫描"的子级，创建出羽轴模型，如图8-23所示。

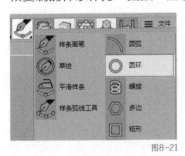

图8-21

图8-22

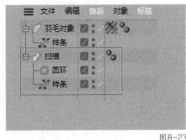

图8-23

在扫描的对象选项卡中设置"缩放"的样条曲线，调整羽轴模型的大小，如图8-24所示。

知识点5 添加毛发

添加毛发作为复杂的毛发对象具有丰富的参数，可以实现更为真实的毛发模拟效果。

添加毛发的创建。在工具栏中长按"立方体"按钮，展开参数对象工具组，选择"球体"，将球体添加到对象面板中。选择球体，在主菜单栏中执行"模拟-毛发对象-添加毛发"命令，如图8-25所示。其中，视图窗口显示的蓝色线条称为"引导线"，将引导线作为参考线可观察调整参数时毛发的形态变化,如图8-26所示。

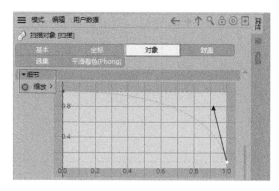

图8-24

图8-25

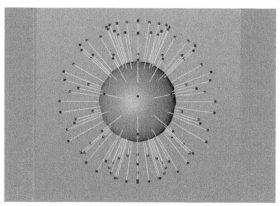

图8-26

在毛发对象属性面板中,毛发的核心参数如图8-27所示。需要重点掌握引导线和毛发选项卡中的相关参数。引导线选项卡用来设置视图窗口中毛发的编辑形态。毛发选项卡用来设置毛发的渲染形态。同时,可设置添加毛发对象动力学属性面板下的相关参数,调整毛发对象的动力学属性。

知识点6 添加毛发应用案例

下面制作图8-28所示的案例效果,以使读者深入了解添加毛发核心参数的应用技巧。

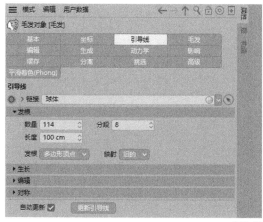

图8-27

图8-28

1. 打开案例工程文件

在主菜单栏中执行"文件-打开项目"命令，打开本课素材包中的"添加毛发_开始文件.c4d"文件。

2. 创建添加毛发

在对象面板中选择人偶模型，在主菜单栏中执行"模拟-毛发对象-添加毛发"命令，如图8-29所示。

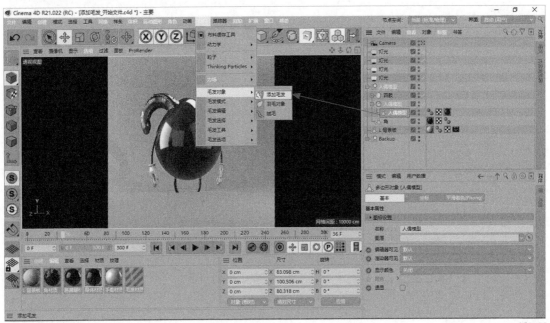

图8-29

3. 设置引导线面板参数

在毛发对象的属性面板中选择引导线选项卡，将"长度"设置为"15cm"，将"分段"设置为"6"，如图8-30所示。在毛发对象的属性面板中选择毛发选项卡，将"数量"设置为"50000"，将"分段"设置为"12"，如图8-31所示。

图8-30

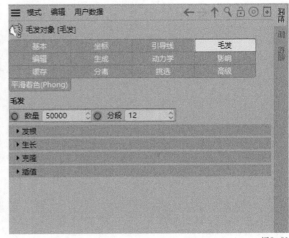

图8-31

4. 调整毛发材质

在材质面板中双击毛发材质球，勾选"材质编辑器"窗口左侧的"颜色""高光""粗细""长度""比例""集束""绷紧""弯曲"通道，并调整相关参数，如图8-32所示。

5. 设置渲染参数

单击"编辑渲染设置"按钮 ，在"渲染设置"窗口中，设置渲染输出的相关参数。本案例制作完成，如图8-33所示。

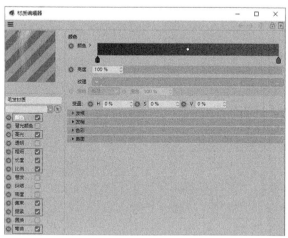

图8-32

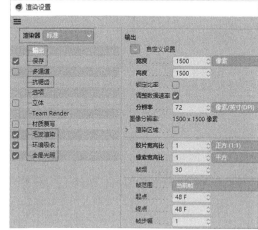

图8-33

第2节 毛发编辑命令

本节将按制作流程讲解毛发编辑的相关命令，如"毛发模式""毛发选择""毛发工具""毛发编辑"和"毛发选项"等，通过上述命令的讲解，使读者了解毛发编辑的相关操作。

知识点1 毛发模式

"毛发模式"命令中提供了常见的5种引导线编辑模式，如图8-34所示。

"发梢" 只会影响引导线发梢，"发根" 只会影响引导线发根，"点" 可以影响引导线上的细分点，"引导线" 可以影响整个引导线，"顶点" 可以影响引导线顶点（毛发对象引导线编辑顶点定义的顶点）。

知识点2 毛发选择

"毛发选择"命令中提供了4种选择工具，包括"实时选择""框选""套索选择"和"多边形选择"，如图8-35所示。在使用选择工具时，按住Shift键可以进行元素的加选，按住Ctrl键可以进行元素的减选。

知识点 3 毛发工具

使用"毛发工具"命令能够快速对毛发造型进行灵活的编辑；选择合适的毛发工具，可

以制作出不同风格的毛发造型，如图8-36所示。

"移动"  用于移动选择的引导线或引导线元素，"缩放" 用于缩放选择的引导线或引导线元素，"旋转" 用于旋转选择的引导线或引导线元素，"毛刷" 可以通过单击或拖曳灵活控制引导线或引导线元素，"梳理" 用于在特定方向梳理引导线，"集束" 用于选择引导线后将选择的引导线向中心汇聚，

图8-34   图8-35   图8-36

"卷曲" 用于选择引导线后为选择的引导线添加螺旋状卷发，"修剪" 用于裁剪引导线长度，"增加引导线" 可通过绘制添加更多的引导线，"镜像" 可对引导线进行镜像复制。

知识点 4 毛发编辑

"毛发编辑"命令中提供了毛发编辑常用的工具，如"复制引导线""毛发转为样条""样条转为毛发"和"设为动力学状态"等。根据实际案例的要求，可在此命令中选择相应工具编辑毛发对象，如图8-37所示。

知识点 5 毛发选项

使用"毛发选项"命令可对毛发编辑进行对称操作和交互动力学操作设置，通过"对称管理器"和"交互动力学"可以进行工具的参数设置，如图8-38所示。

图8-37   图8-38

第3节 毛发标签

毛发标签中主要提供了样条动力学相关工具，如样条动力学标签、毛发碰撞标签和约束标签。同时，可对样条对象添加渲染标签，实现对样条对象的渲染。

知识点 1 样条动力学标签

在工具栏中单击"样条画笔"按钮，在视图窗口中绘制一条直线样条。选择样条，在编辑模式工具栏中选择点模式 ⬚。选择样条首尾两个顶点，单击鼠标右键执行"平滑"命令，为样条添加均匀分段，如图8-39所示。

在对象面板中选择样条，在样条对象属性面板中选择对象选项卡，将"类型"设置为"B-样条"，如图8-40所示。

在对象面板中选择样条，单击鼠标右键执行"毛发标签-样条动力学"命令，为其添加样条动力学标签，如图8-41所示。

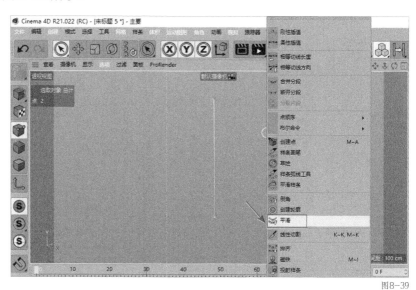

图8-39

在时间线面板中单击"向前播放"按钮 ▶，预览动画，可观察到样条受动力学重力影响下落。在样条动力学属性面板中选择影响选项卡，可根据动画要求设置重力参数，如图8-42所示。在样条动力学属性面板中选择属性选项卡，可调整样条动力学相关参数，如图8-43所示。

图8-40

图8-41

图8-42

图8-43

在对象面板中选择样条，在编辑模式工具栏中单击使用点模式 ⬚。选择样条上端顶点，在样条动力学对象属性面板中选择属性选项卡，单击"固定"后的"设置"按钮 [设置] 可以将样条顶点固定，如图8-44所示。

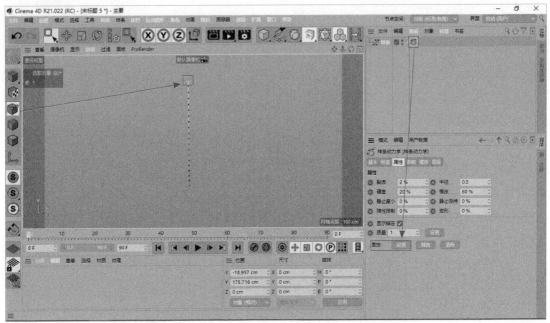

图8-44

知识点 2 毛发碰撞标签

下面在知识点1的基础上继续操作，讲解毛发碰撞标签，如图8-45所示。

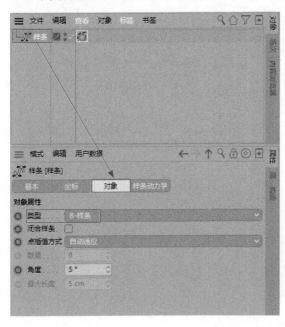
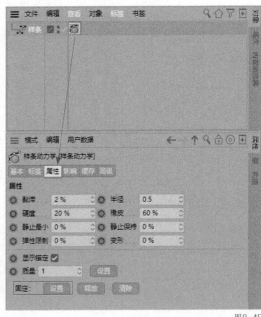

图8-45

在工具栏中单击"立方体"按钮 ，将立方体添加到对象面板中。在时间线面板中，将时间滑块拖曳到第0帧，将立方体移动到样条右侧，单击"记录活动对象"按钮 添加动画关键帧。再将时间滑块拖曳到第20帧，将立方体移动到样条左侧，单击"记录活动对象"按钮添加动画关键帧。选择立方体对象，单击鼠标右键执行"毛发标签-毛发碰撞"命令，可以

为其添加毛发碰撞标签。播放
动画，可以看到立方体与样条
产生了动力学碰撞效果，如图
8-46所示。

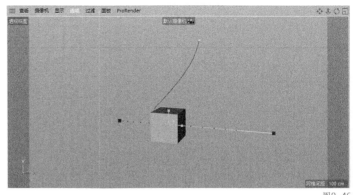
图8-46

知识点3 约束标签

下面讲解更为灵活的约束
标签。

创建一条同知识点1中一样的样条，在样条对象两端创建两个立方体模型，按C键将两个
立方体转为可编辑对象，如图8-47所示。

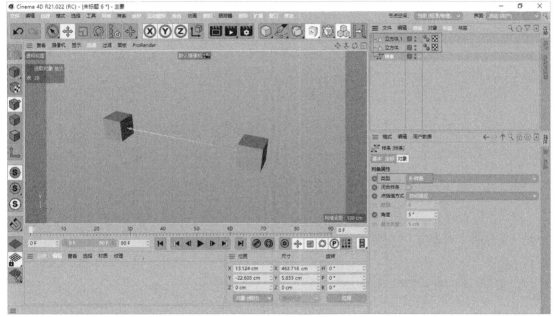
图8-47

在对象面板中选择样条，单击鼠标右键执行"毛发标签-样条动力学"命令，添加样条动
力学标签。选择样条，单击鼠标右键执行"毛发标签-约束"命令，如图8-48所示。重复上述
操作，为样条对象添加第二个约束标签，如图8-49所示。

在视图窗口中按快捷键
N～G，将视图窗口调整为线
条显示模式。选中样条左侧顶
点，同时选择约束标签01，将
左侧立方体添加到约束标签属
性面板"对象"右侧框内，单
击"设置"按钮，完成左侧模
型的绑定，重复操作，完成

图8-48

图8-49

右侧模型的绑定，如图8-50所示。播放动画查看绑定结果，可以看到样条两端顶点被成功固定。

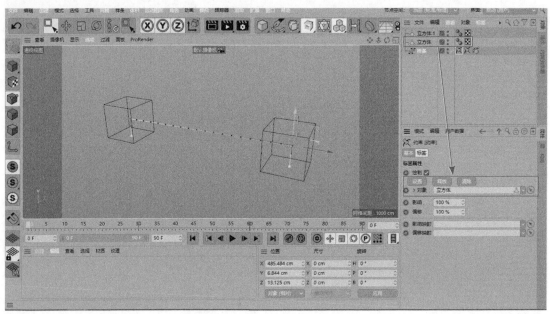

知识点4 渲染标签

在工具栏中长按"样条画笔"按钮![icon]，展开样条工具组，选择"花瓣"，将花瓣添加到对象面板中。选择花瓣，单击鼠标右键执行"毛发标签－渲染"命令，为花瓣添加渲染标签。单击"渲染活动视图"按钮![icon]，预览渲染结果。可以看到，花瓣样条已经可以进行渲染，如图8-51所示。

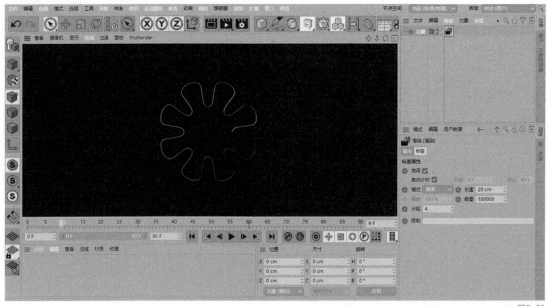

第4节 毛发案例制作

本节将通过毛发案例制作对毛发系统知识点进行回顾和补充，帮助读者了解较为复杂的毛发效果制作方法，如图8-52所示。

图8-52

操作步骤

■ 步骤1 打开案例工程文件

在主菜单栏中执行"文件-打开项目"命令，打开本课素材包中的"毛发综合案例_开始文件.c4d"文件，请在此工程文件的基础上完成案例制作。

■ 步骤2 创建添加毛发

在对象面板中选择人偶模型，选择人偶模型标签栏中的顶点贴图标签，在主菜单栏中执行"模拟-毛发对象-添加毛发"命令，如图8-53所示。

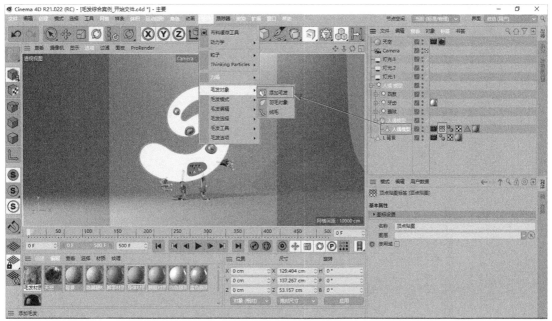

图8-53

■ 步骤3 设置引导线面板参数

在毛发对象的属性面板中选择引导线选项卡，展开发根选项组，将"长度"设置为"40cm"，将"分段"设置为"4"，如图8-54所示。在毛发对象的属性面板中选择毛发选项卡，将"数量"设置为"250000"，将"分段"设置为"12"，如图8-55所示。

■ 步骤4 调整毛发材质

在材质面板中双击毛发材质球，在弹出的"材质编辑器"窗口中勾选左侧的"颜色""高光""粗细""卷发""集束"和"拉直"通道，并调整相关参数，如图8-56所示。

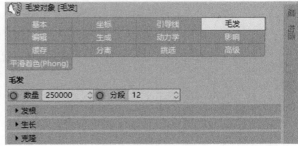

图8-54 图8-55

■ 步骤5 设置渲染参数

单击"编辑渲染设置"按钮 🐻，在"渲染设置"窗口中设置渲染输出的相关参数。本案例制作完成，如图8-57所示。

图8-56 图8-57

本课练习题

1. 填空题

（1）_____作为基础毛发对象，可以快速高效地创建草坪等基础毛发效果。

（2）在绒毛对象的属性面板中，_____可以改变毛发根部的倾斜角度。

（3）_____是一种特殊的毛发对象，主要实现鸟类羽毛这一类特殊毛发效果。

（4）在添加毛发的属性面板中，_____选项卡用来设置视图窗口下毛发的编辑形态。

参考答案：

（1）绒毛对象 （2）随机分布 （3）羽毛对象 （4）引导线

2. 操作题

掌握本课知识后，制作出图8-58所示的案例效果，并结合素材包内资源，摆好造型、添加好材质后渲染输出。

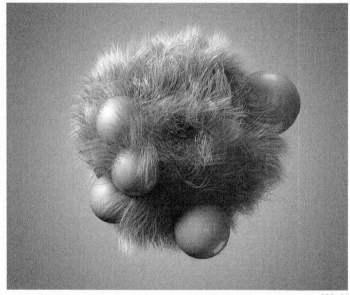

图8-58

操作题要点提示

① 设置添加毛发相关参数进行案例的制作。

② 调整毛发材质得到最终案例效果。

第 **9** 课

常用插件及预设

本课将讲解Cinema 4D中的常用插件及预设，具体会
讲解3个常用插件的使用方法，然后讲解模型、灯光和
材质的预设安装及使用方法，最后通过案例帮助读者
快速掌握插件和预设的使用方法。

本课知识要点
◆ Cinema 4D的常用插件
◆ Cinema 4D预设的应用

第1节 Cinema 4D的常用插件

为了提高用户的工作效率，Cinema 4D内置了大量的预设，如模型、灯光、材质等，它们可以帮助用户快速创建模型、布光和材质。

例如，新建的模型默认位于世界坐标中心，使用对齐地面插件DropToFloor可以让模型底部一键对齐到地面；使用植被插件Forester能快速生成花、草、树木及岩石模型，并轻松解决花、草、树木和岩石的分布、生长、随风摇摆等制作难题。

知识点 1 对齐地面插件 Drop2Floor

使用对齐地面插件Drop2Floor，可以快速地让模型对齐地面。下面通过一个立方体模型讲解对齐地面插件Drop2Floor的使用方法。

在工具栏中单击"立方体"按钮，创建立方体模型，如图9-1所示。

选中立方体，在主菜单栏中执行"扩展-Drop2Floor"命令，如图9-2所示，使立方体快速对齐到地面，如图9-3所示。

不管是参数对象、可编辑对象还是外部导入对象，都可以使用Drop2Floor对齐地面插件把模型对齐到地面。

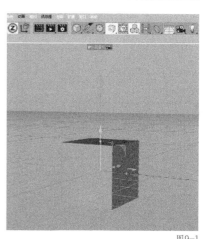

图9-1

图9-2

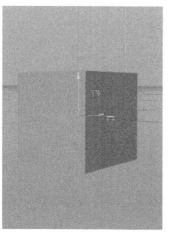

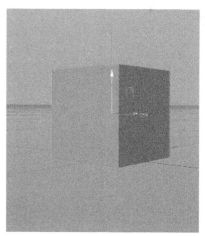

图9-3

知识点 2 烘焙插件 NitroBake

使用烘焙插件NitroBake可以将场景烘焙成关键帧动画，并将其导出到其他软件，还可以识别动力学标签。烘焙成关键帧动画之后，还可以倒放动画。下面通过烘焙插件NitroBake制作图9-4所示场景。

操作步骤

01 搭建场景，在内容浏览器面板预设库中找到"House 11"模型，如图9-5所示，双击House 11模型将其添加到对象面板中。

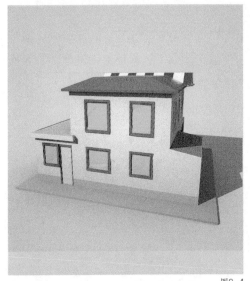

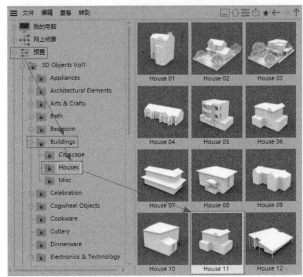

图9-4   图9-5

02 在工具栏中单击"立方体"按钮，创建立方体模型，并调整立方体的高度和位置，如图9-6所示。

03 在对象面板中选择"House 11"模型，在编辑模式工具栏中选择边模式 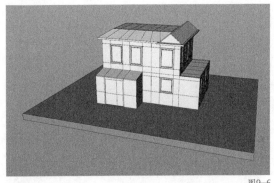，如图9-7所示。

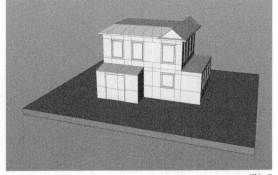

图9-6   图9-7

04 选择线性切割工具，在属性面板中取消勾选"仅可见"，取消选"单一切割"，如图9-8所示。

05 在透视视图中使用线性切割工具，切割House 11模型，如图9-9所示。

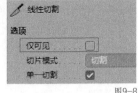

图9-8

06 在编辑模式工具栏中选择模型模式 ，按快捷键N ~ B切换到光影着色（线条）模式下，如图9-10所示。

07 在对象面板中用鼠标右键单击House 11模型，执行"模拟标签-布料"命令，如图9-11

所示，用鼠标右键单击立方体模型，执行"模拟标签－布料碰撞器"命令，如图9-12所示。

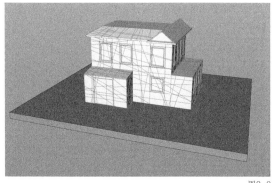

图9-9

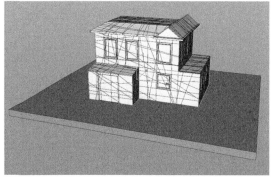

图9-10

图9-11

图9-12

08 在时间线面板中将时间滑块归零。在对象面板中选择"House 11"模型，在主菜单栏中执行"扩展－NitroBake"命令，如图9-13所示。

09 在"NitroBake"窗口中勾选"Point Animation"和"Single Object"，单击"NitroBake"按钮，这样会播放一遍烘焙动画，如图9-14所示。

10 在对象面板中原来的House 11模型会消失，选择"NitroBake1"下的"House 11"模型，如图9-15所示。

11 在时间线面板中显示出烘焙的关键帧，框选所有关键帧，用鼠标右键单击关键帧，执行"编辑－反转序列"命令，这样动画呈倒放模式，如图9-16所示。

图9-13

图9-14

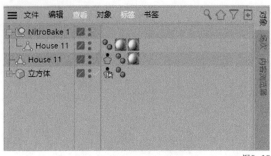

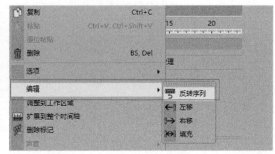

图9-15　　　　　　　　　　　　　　　　　　　　　图9-16

12 在时间线面板中框选所有关键帧，选中手柄往前拖曳，这样可以加快房子升起动画的速度，如图9-17所示。

图9-17

13 在对象面板中单击House 11模型的平滑着色标签，在属性面板中标签，将"平滑着色（phong）角度"改为"30°"，如图9-18所示，这样模型不会有破面效果，如图9-19所示。

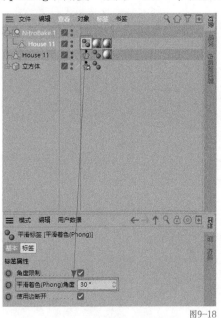

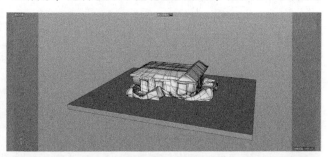

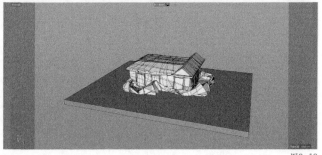

图9-18　　　　　　　　　　　　　　　　　　　　　图9-19

14 在对象面板中选择"House 11"模型，在工具栏中长按"扭曲"按钮，展开变形器工具组，按住Alt键单击"颤动"按钮，如图9-20所示，这样房子在升起来之后会有颤动效果。

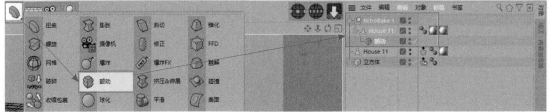

图9-20

15 烘焙动画效果制作完成，如图9-21所示。

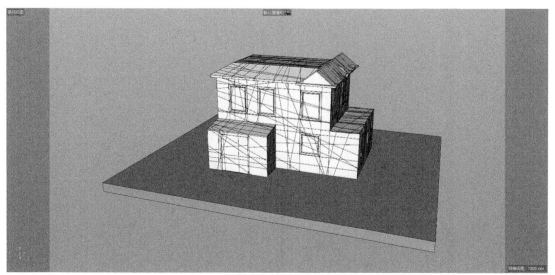

图9-21

知识点 3 绳子插件 Reeper

使用绳子插件Reeper可以创建绳索及其类似结构，也可以编织各种类型的麻绳。

在主菜单栏中执行"扩展-Reeper 2.0"命令，如图9-22所示。

在使用Reeper插件命令时，要结合样条使用，其中Reeper插件是父级，样条是子级，如图9-23所示。

在对象面板中选择"Reeper2.0"，在属性面板中调整绳子的具体形态。

图9-22   图9-23

知识点 4 绳子插件应用案例

下面使用前面介绍的"Reeper2.0"插件来制作一个绳子案例，如图9-24所示。

操作步骤

01 在工具栏中单击"画笔"按钮 ，用画笔工具在正视图中画出绳子的形状，如图9-25所示。

02 在右视图中选中下半部分中间两个点，向前位移，选中上面的点调整方向，如图9-26所示，让绳子具有前后空间感。

03 在工具栏中长按"样条画笔"按钮，展开画笔工具组，选择"螺旋"样条，如图9-27所示。在螺旋属性面板中修改螺旋的"起始半径""终点半径""结束角度"和"高度"等参数，并在视图窗口中将其放在样条的接口处，如图9-28所示。

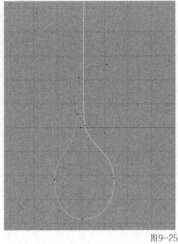
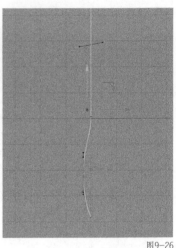

图9-24　　　　　　　　　　图9-25　　　　　　　　　　图9-26

04 分别给样条和螺旋样条添加Reeper2.0绳子插件，如图9-29所示，注意"Reeper2.0"的子级只能是一条样条。

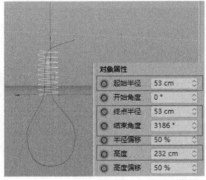

图9-27　　　　　　　　　　图9-28　　　　　　　　　　图9-29

05 在对象面板中单击"Reeper2.0"，在属性面板中常规选项卡，调"卷曲""半径"和"距离"参数。绳子案例制作完成，如图9-30所示。

图9-30

知识点 5　间接选择插件 Devert

使用间接选择插件Devert可以快速方便地间接选择线或者面，从而提高建模速度。下面通过一个管道模型的制作来讲解间接选择插件Devert应用。

在主菜单栏中执行"扩展-Devert AdvancedLoopSelection"命令，如图9-31所示，单击面板上方的双虚线，单独把面板提取出来，如图9-32所示，它们分别是"Devert

AdvancedLoopSelection Edge"（间接循环选择边）和"Devert AdvancedLoopSelection

Polygon"（间接循环选择面），把面板单独提取出来之后更有利于操作。

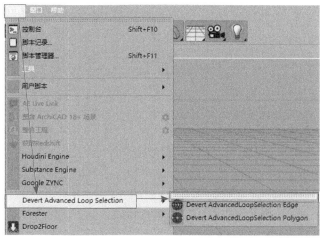

利用参数对象中的管道制作基础模型，在属性面板中选择对象选项卡，将"高度"调整为"50cm"，"高度分段"调整为"1"，如图9-33所示。

在编辑模式工具栏中单击"转为可编辑对象"按钮，将管道转换为可编辑对象，切换到边模式，单击悬浮面板中的"Devert Advanced

图9-31

LoopSelection Edge"，选择管道的一条边，如图9-34所示。

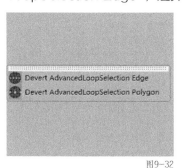

图9-32

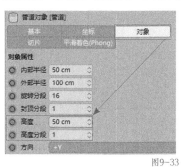

图9-33

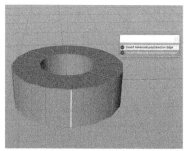

图9-34

按住Ctrl键加选边，中间一条边不选，如图9-35所示，按快捷键Ctrl+→加选一圈线，如图9-36所示。

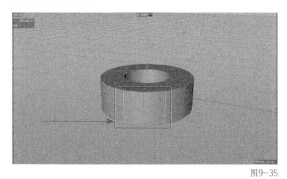

图9-35

图9-36

按快捷键Ctrl+↑依次递增加选线，如图9-37所示，按快捷键Ctrl+↓依次递减选中的线，如图9-38所示。

在编辑模式工具栏中选择多边形模式，单击悬浮面板中的"Devert AdvancedLoop Selection Polygon"，选择管道的一个面，如图9-39所示。

按住Ctrl键加选面，中间一个面不选，如图9-40所示，按快捷键Ctrl+→加选一圈面，如图9-41所示。

图9-37

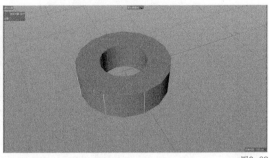

图9-38

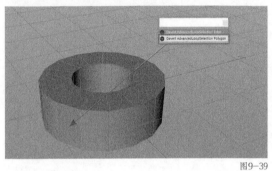

图9-39

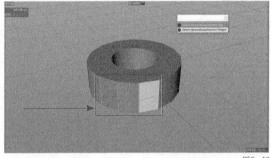

图9-40

按快捷键Ctrl+↑依次递增加选面，如图9-42所示，按快捷键Ctrl+↓依次递减选中的面，如图9-43所示。

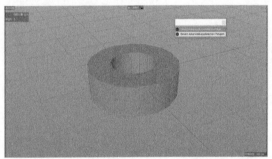

图9-41

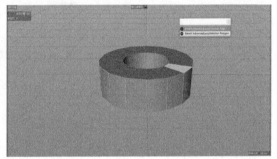

图9-42

知识点6 间接选择插件应用案例

下面使用前面介绍的间接选择插件，来制作图9-44所示案例中的一个模型。

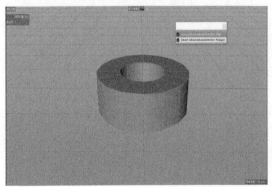

图9-43

图9-44

操作步骤

01 利用参数对象中的圆柱制作基础模型，在属性面板中选择对象选项卡将"高度"调整为"30cm"，"高度分段"调整为"3"，"旋转分段"调整为"66"，如图9-45所示。

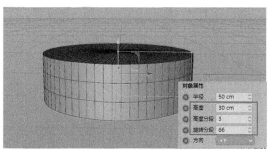

图9-45

02 在编辑模式工具栏中单击"转为可编辑对象"按钮，将圆柱转换为可编辑对象，切换到边模式下，双击选择圆柱的两条高度分段，如图9-46所示，按快捷键T调出缩放工具，将高度分段沿y轴缩放，如图9-47所示。

图9-46

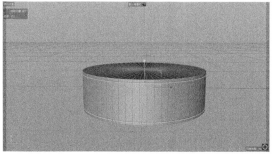

图9-47

03 在编辑模式工具栏中选择多边形模式，单击悬浮面板中的"Devert AdvancedLoop SelectionPolygon"，选择圆柱其中一个面，如图9-48所示。

04 按住Ctrl键加选面，中间一个面不选，按快捷Ctrl+→加选一圈面，如图9-49所示。

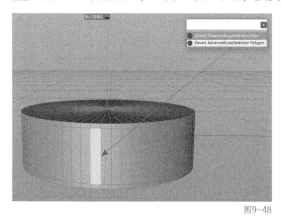

图9-48

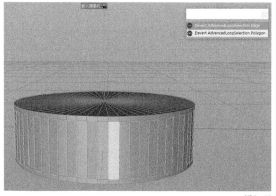

图9-49

05 用内部挤压工具挤压出图9-50所示的形状，用挤压工具挤压出图9-51所示的形状。

06 在编辑模式工具栏中选择线模式，双击选择圆柱顶部和底部的线，如图9-52所示。选择倒角工具，在属性面板中选择工具选项选项卡，将"倒角模式"改为"实体"，如图9-53所示。在透视视图空白处按住鼠标左键进行拖曳，对圆柱进行倒角，如图9-54所示。

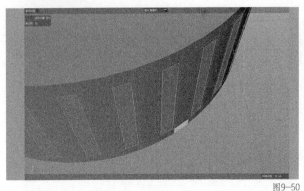

图9-50

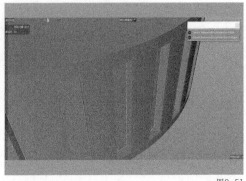

图9-51

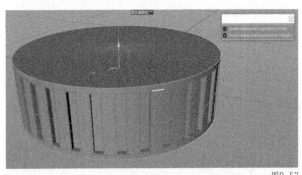

图9-52

图9-53

07 在编辑模式工具栏中选择模型模式，在对象面板中选择圆柱，在工具栏中按住Alt键单击"细分曲面"按钮，模型制作完成，如图9-55所示。

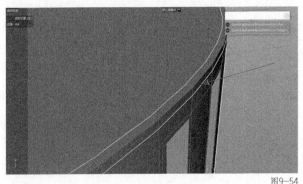

图9-54

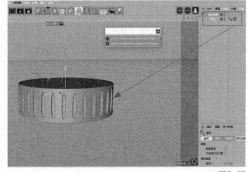

图9-55

知识点7 植被插件 Forester

使用植被插件Forester可以快速生成花、草、树木及岩石模型，并解决花、草、树木和岩石的分布、生长、随风摇摆等制作难题，该插件还自带了不少模型库。

在主菜单栏中执行"扩展-Forester"命令，如图9-56所示。单击面板上方的双虚线，单独把面板提取出来，如图9-57所示，它们分别是"多重克隆生成器""多重植物群生成器""森林岩石生成器"和"森林树木生成器"，把面板单独提取出来之后，有利于进行后续操作。

在悬浮面板中单击"多重植物群生成器",在其属性面板中选择多重植物群预设库1选项卡,可以在预设库里面挑选适合场景的草模型,如图9-58所示。

在属性面板中选择草选项卡,"草 节点数量"控制草整体的数量,"草 每节点数量"控制每颗草的数量,"草 生长"控制草的生长动画,"草 分段"和"草 半边"分别控制草的高度分段和宽度分段,如图9-59所示。

图9-56

图9-57

图9-58

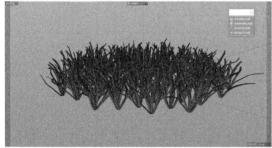

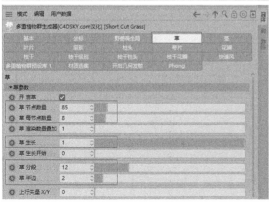

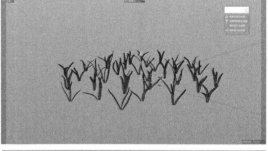

图9-59

"草 补丁半径"控制草整体半径大小,"草 尺寸"控制草的大小;"草 长度"控制草的高低，"草 宽度"控制每颗草的宽度，"草 节点偏移"控制每颗草散开的程度，如图9-60所示。

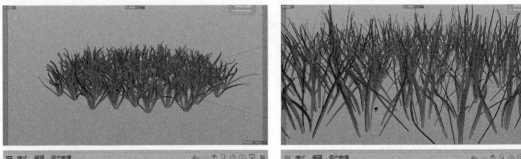

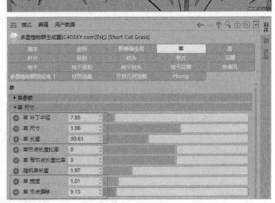

图9-60

"草 弯曲"控制草的弯曲程度，"草 扰乱"控制草随机弯曲的方向，如图9-61所示。

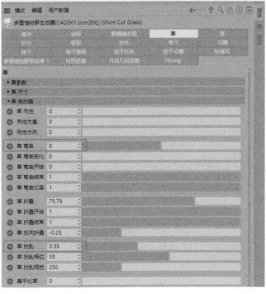

图9-61

在悬浮面板中单击"多重植物群生成器"，在属性面板中选择多重植物群预设库1选项卡，可在预设库里面挑选适合场景的花模型，如图9-62所示。

图9-62

在属性面板中选择茎选项卡，"茎数量"控制茎整体的数量，"茎生长"控制茎生长动画，"茎分段"和"茎边"分别控制茎的高度细分数和宽度细分数，如图9-63所示。

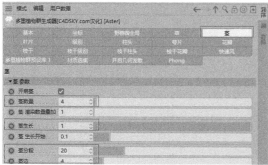
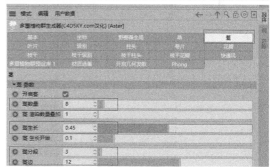

图9-63

"茎补丁半径"控制茎的整体半径大小，"茎长度"控制茎的高低，"茎弯曲"控制茎的弯曲程度，"茎扰乱"控制茎随机弯曲的方向，如图9-64所示。

在花瓣属性面板中选项卡，"花瓣数量"控制花瓣整体的数量，"花瓣生长"控制花瓣的生长动画，"花瓣分段"和"花瓣半边"分别控制花瓣的高度细分数和宽度细分数，如图9-65所示。

"花瓣尺寸"控制花瓣的整体大小，"花瓣长度"控制花瓣的长度，"花瓣弯曲"控制花瓣开放的程度，"花瓣扰乱"控制花瓣随机开放的程度，如图9-66所示。

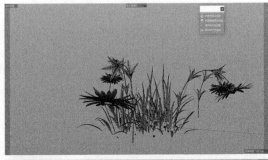

图9-64

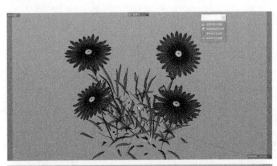

图9-65

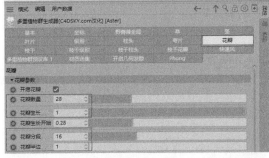
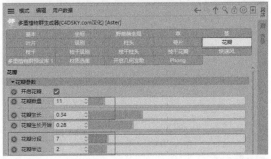

图9-66

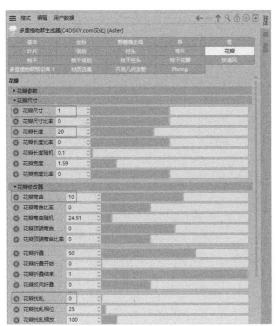
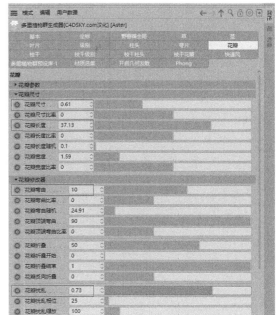

图9-66（续）

在悬浮面板中单击"森林树木生成器"，在属性面板中单击树木预设库1选项卡，可在预设库里面挑选适合场景的树模型，如图9-67所示。

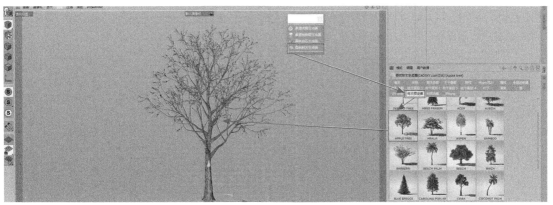

图9-67

在属性面板中选择树木参数选项卡，"编辑器级别"是在视图窗口中操作时看到的级别，"渲染级别"是只有在渲染到图片查看器中才能看到的级别，如图9-68所示。

勾选"使用渲染级别"时，渲染到图片查看器中时会显示渲染级别设置的参数；取消勾选"使用渲染级别"时，渲染到图片查看器中时不会显示渲染级别设置的参数，如图9-69所示。

图9-68

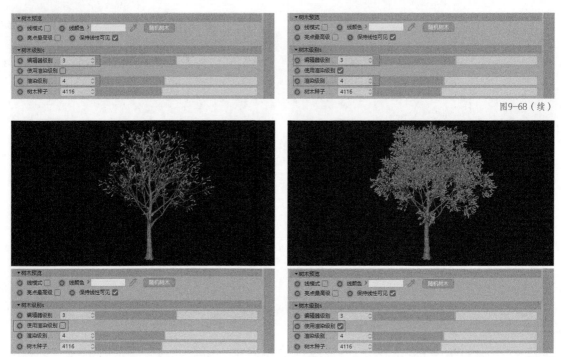

图9-68（续）

图9-69

在属性面板中选择树木参数选项卡，"树木尺寸 尺寸"控制树木的整体大小，"树生长"控制树木的生长动画，在属性面板中选择主干参数选项卡，主干参数选项组主要控制主干的细分数、高度和半径，如图9-70所示。

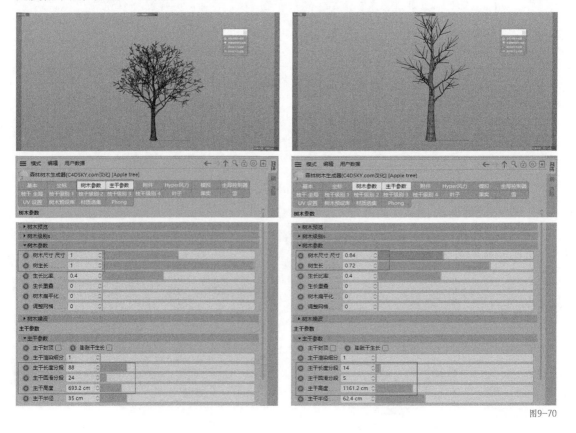

图9-70

在属性面板中选择树干级别1选项卡，树干插入选项组控制树干的整体数量及树干的上下分布，枝干定位选项组控制树干在主干上的随机旋转分布，枝干变形器选项组控制枝干的弯曲程度及呈现出来的形态，枝干修改器选项组控制枝干的长度、半径，如图9-71所示。

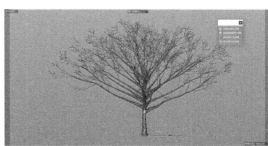

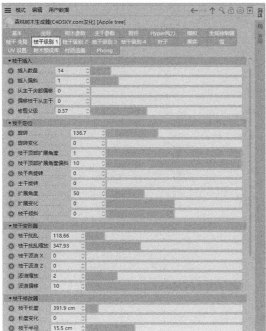
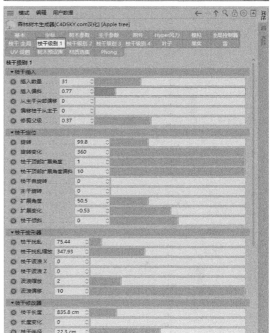

图9-71

属性面板中的树干级别2、树干级别3、树干级别4和树干级别1选项卡中的参数一样，但是它们是在树干级别1选项卡的基础之上叠加。

在选项卡属性面板中选择叶子选项卡，叶子分布选项组控制整体叶子多少，其中"叶子开始级别"的数值越大树叶越少，数值越小树叶越多；叶子尺寸选项组控制叶子的生长动画和叶子的大小，如图9-72所示。

图9-72

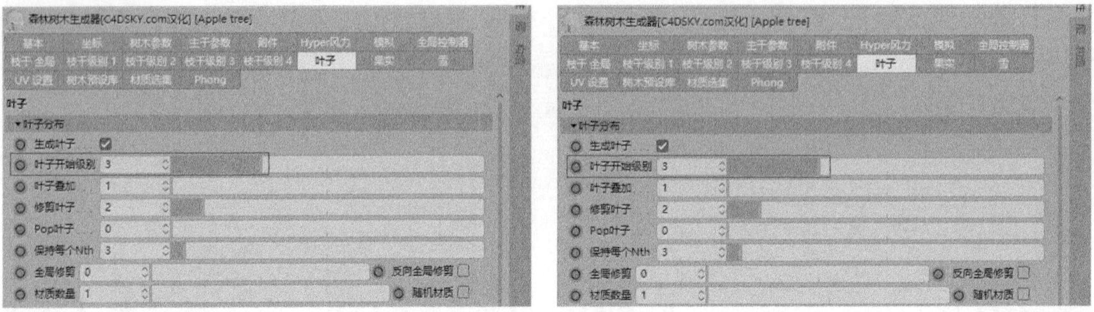

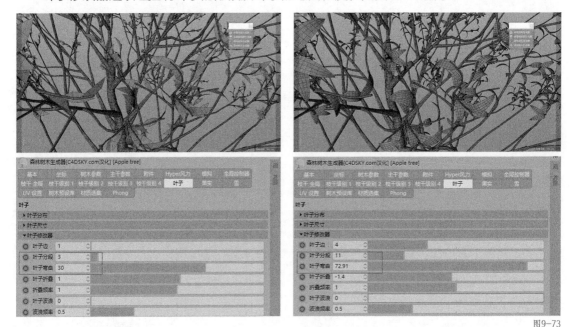

图9-72（续）

叶子修改器选项组控制叶子的分段及叶子的弯曲程度，如图9-73所示。

图9-73

在属性面板中选择Hyper风力选项卡，勾选"风力开启"后，在播放动画时会有风吹的动画，且效果非常真实，该选项下方的参数可以控制风的大小和方向，如图9-74所示。

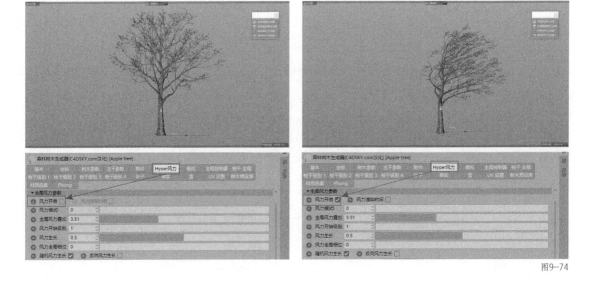

图9-74

植被插件Forester里面的模型的参数可控性强,模型精度也比较高,可以用于近景和特写镜头。

第2节 Cinema 4D预设的应用

将下载好的预设文件粘贴到软件安装目录下的"browser"文件夹中。后缀为.lib4d的文件都是预设文件。

知识点 1 模型预设库

在安装预设文件之后,预设模型可以帮助我们快速完成建模,提高建模的速度,在内容浏览器面板中找到"3D Objects Vol1"和"3D Objects Vol2"文件夹,如图9-75所示,这两个文件夹里面是模型预设库。

* 双击"3D Objects Vol1"文件夹,"Appliances"文件夹里面是家用电器类模型,如豆浆机、冰箱、茶壶、烤箱、洗衣机、面包机、电饼铛等。

* "Architectural Elements"文件夹里面是建筑元素类模型,如窗帘、门、路面、砖墙、螺旋式楼梯等,这些模型都是可编辑模型。

* "Arts&Crafts"文件夹里面是手工艺类模型,如针、线、纽扣、曲别针等。

图9-75

* "Bath"文件夹里面是浴室类模型,如梳子、香皂、洗发水、垃圾桶、洗手台、马桶、浴巾等。

* "Bedroom"文件夹里面是卧室类模型,如床、枕头等。

* "Buildings"文件夹里面是建筑类模型,如各种住宅楼房、桥等。

* "Cogwheel Objects"文件夹里面是齿轮类模型。

* "Cookware"文件夹里面是炊具类模型,如锅、勺、锅铲等。

* "Dinnerware"文件夹里面是餐具类模型,如刀、叉子、勺等。

* "Electronics & Technology"文件夹里面是电器类模型,如计算机、照相机、光盘、显示器、键盘、笔记本、音响等。

* "Glassware"文件夹里面是玻璃器皿类模型,如各种各样的玻璃杯等。

* "Humans"文件夹里面是人物类模型,还有人物贴图模型。

* "Lighting"文件夹里面是灯具类模型,如吊灯、台灯、灯泡、壁灯等。

* "Music"文件夹里面是乐器类模型,如吉他、磁带、耳机、音响等。

* "Outdoor Objects"文件夹里面是室外类模型,如障碍物、轮胎、消防栓、路标、路灯等。

* 双击"3D Objects Vol2"文件夹,"Packaging"文件夹里面是盒子、瓶子等模型。

- "Plants"文件夹里面是植物类模型，有植物贴图模型和各种各样的树、花等，可用于远景。
- "Screws"文件夹里面是螺丝钉类模型。
- "Sculpting Base Meshes"文件夹里面是雕刻基础网格类模型，如狗、人类、大象、恐龙等。
- "Seating"文件夹里面是椅子类模型，如长椅、办公椅、沙发等。
- "Shelving"文件夹里面是架子类模型。
- "Sports Items"文件夹里面是体育类模型，如篮球、橄榄球、冰球杆、滑冰鞋、滑板、自行车等。
- "Stationary"文件夹里面有钢笔、铅笔、夹子、图钉、订书机等模型。
- "Tables"文件夹里面是桌子类模型，如床头柜、茶几、游戏桌、办公桌等。
- "Tools"文件夹里面是工具类模型，如锤子、剪刀、扳手、卷尺、工具箱等。
- "Vases"文件夹里面是花瓶类模型。
- "Vegetables"文件夹里面是蔬菜类模型，如苹果、胡萝卜、辣椒、洋葱、西红柿等。
- "Vegetables"文件夹里面是交通工具类模型，如自行车、小轿车。

知识点2 灯光预设库

1. HDRI环境天空

HDRI环境天空是用来模拟环境的一种贴图方式，不同天空贴图环境呈现出的效果也不一样。本知识点将通过一个球体模型和天空的制作来讲解HDRI贴图的两种使用方法。

第一种方法

01 在内容浏览器面板中找到"HDRI"文件夹，如图9-76所示。

02 双击其中一个HDRI材质球，材质面板中会出现HDRI材质球，如图9-77所示。

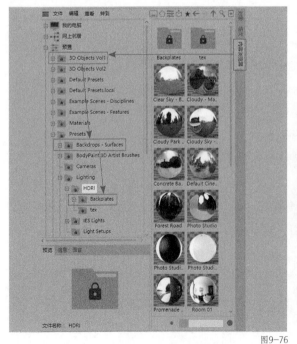

图9-76

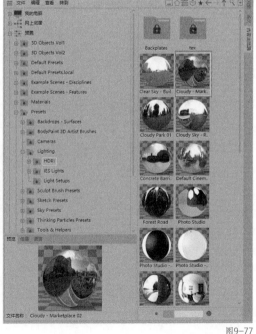

图9-77

03 把HDRI材质球拖曳给天空，如图9-78所示。

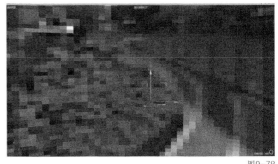

图9-78

04 在材质面板中双击，新建材质球，双击新建的材质球，打开"材质球编辑器"窗口，勾选"透明"通道，如图9-79所示。

05 在材质面板中把透明材质球拖曳给球体，在工具栏中单击"渲染活动视图"按钮 ，如图9-80所示。

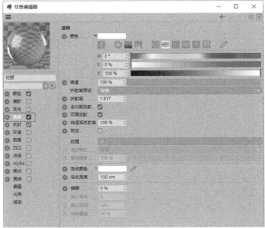

图9-79

图9-80

第二种方法

01 在内容浏览器面板中找到"HDRI"文件夹里面的"tex"文件夹，如图9-81所示，这里面是以图片方式呈现出来。

02 在材质面板中双击，新建材质球，双击新建的材质球，打开"材质球编辑器"窗口，勾选"发光"通道，取消勾选"颜色"通道和"反射"通道，拖曳HDRI贴图到"材质球编辑器"窗口中"发光"通道"纹理"右侧框内，如图9-82所示。

03 在材质面板中双击，新建材质球，双击新建的材质球，打开"材质球编辑器窗口"，勾选"透明"通道，如图9-83所示。

04 分别把材质球拖曳给"球体"和"天空"。在工具栏中单击"渲染活动视图"按钮 ，如图9-84所示。

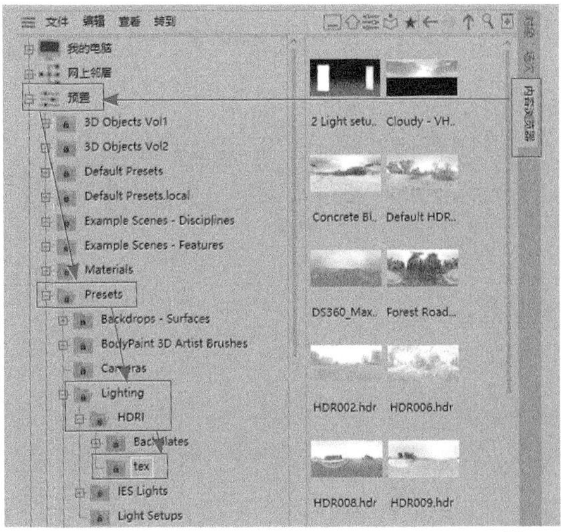

图9-81

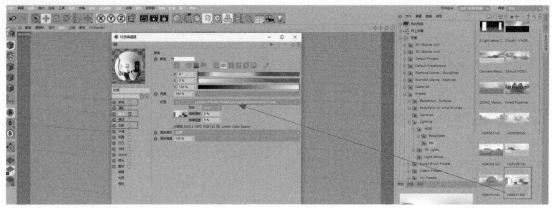

图9-82

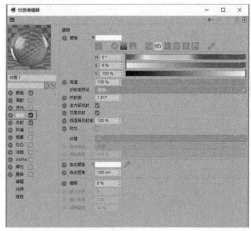

图9-83

图9-84

使用不同的天空贴图环境，渲然出来的效果也不一样，如图9-85所示。

图9-85

2. Light Setups灯光预设

在内容浏览器面板中找到Light Setups文件夹，如图9-86所示，灯光预设一共有六种，分别是CS-AmbLight，CS-AreaLight，CS-Daylight，CS-Flicker，CS-Flicker(Harmonics)，CS-KinoSquare和CS-TrackSpot。灯光预设的使用方法如下。

01 双击CS-AmbLight，把灯光预设添加到对象面板，单击对象面板，如图9-87所示。

02 在对象面板中选择CS-AmbLight，在属性面板中选择CS-AmbLight选项卡，可以修改预设灯光的参数，如图9-88所示。

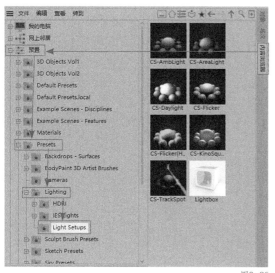

图9-86

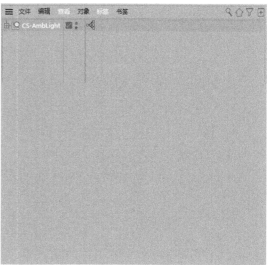

图9-87

使用CS-AmbLight灯光,可以照亮画面中对象的边缘部分。在三点布光中,它常作为轮廓光使用,如图9-89所示。

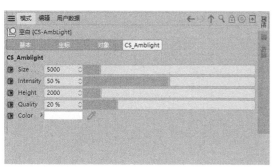

图9-88

图9-89

使用CS-AreaLight灯光,可以照亮画面中的主要对象和周围区域,还可以决定明暗关系及投影方向,对画面起到造型作用。在三点布光中,它常作为主光源或者辅助光使用,如图9-90所示。

使用CS-Daylight灯光,可以模拟太阳光,适用于室外照明场景,如图9-91所示。

图9-90

图9-91

知识点3 材质预设库

使用材质预设可以帮助我们快速调整好各种类型的材质,提高建模的速度。

在内容浏览器面板中找到"Materials"文件夹，如图9-92所示。

图9-92

- "2D Elements"文件夹里面有树、山、草等模型贴图，常用于远景，可减少场景中点、线和面的数量，优化场景。

- "Asphalt"文件夹里面是沥青类材质，可以用于模拟地面材质。

- "Brick Wall"文件夹里面是砖墙类材质。

- "Car Paint"文件夹里面是车漆类材质。

- "Ceramic"文件夹里面是陶瓷类材质。

- "Concrete"文件夹里面是混凝土类材质，可用于地面和墙面模型。

- "Fabric"文件夹里面是织物类材质，可用于窗帘、抱枕和毛衣模型。

- "Glass"文件夹里面是玻璃类材质，可用于玻璃杯、酒瓶等玻璃材质模型。

- "Ground"文件夹里面是地面类材质，可用于模拟地面模型。

- "Liquid"文件夹里面是液体类材质，可以用于咖啡、牛奶、茶、水、葡萄酒等模型。

- "Metal"文件夹里面是金属类材质，可以用于黄金、青铜、黄铜、钢锈等模型。

- "Sports Balls"文件夹里面是运动球类材质，如棒球、篮球、高尔夫球、网球等。

- "Stone"文件夹里面是石头类材质，如大理石、砂岩、人造石、花岗岩等。

- "Stonework"文件夹里面是建筑物石头类材质，如鹅卵石、路面、石墙等。

- "Tiles"文件夹里面是瓷砖类材质，如地砖、墙砖等。

- "Walls"文件夹里面是墙类材质和壁纸类材质。

- "Wood"文件夹里面是木头类材质。

本课练习题

1. 选择题

（1）在使用NitroBake插件烘焙关键帧动画时，需要勾选哪两项？（　　）

A. Automatic和Point

B. Automatic和Fix Size

C. Point和Fix Size

D. Point Animation和Single Object

（2）在使用间接选择插件Devert时，加选一圈线或面的快捷键是什么？（　　）

A. Ctrl+→
B. Ctrl+↑
C. Alt+→
D. Alt+↑

（3）在使用间接选择插件Devert时，依次递增加选线或面的快捷键是什么？（　　）

A. Ctrl+→
B. Ctrl+↑
C. Shift+→
D. Shift+↑

（4）在使用间接选择插件Devert时，依次递增减减选线或面的快捷键是什么？（　　）

A. Ctrl+→
B. Ctrl+↓
C. Ctrl+ Shift+→
D. Ctrl+ Shift +↓

参考答案：

（1）D （2）A （3）B （4）B

2. 填空题

在使用Reeper插件时，要与_____结合使用，并且要将Reeper插件作为_____使用。

参考答案：

样条对象；父级

3. 操作题

请运用本课所学到的知识点制作图9-93所示的静帧案例，找到本课素材中的静帧案例工程文件夹，选择并打开"静帧案例.c4d"文件。请在此项目工程的基础上完成静帧案例制作。

操作题要点提示

① 在预设模型库中找到对应的模型。

② 运用间接选择插件Devert制作模型。

③ 利用灯光预设给场景布灯光。

④ 利用"天空"添加HDRI贴图，用渲染设置窗口中全局光照效果辅助。

图9-93

第 **10** 课

综合案例——电商广告场景制作

本课综合运用前面的知识点制作完整的案例。本课从模型制作、场景布光、材质调整、渲染输出和后期处理等几个方面进行讲解，可以帮助读者更好地理解产品的制作流程，并熟悉制作各种风格案例的方法。

本课知识要点

◆ 制作场景模型

◆ 制作场景灯光

◆ 制作场景材质

◆ 渲染输出

◆ 后期处理

第1节 制作场景模型

在制作一个复杂场景案例时，首先要将最基础的模型搭建出来，接着调整模型之间的比例及位置，然后添加细节元素，这样可以对整体模型有更全面的把控。本节将讲解制作基础模型、使用预设库资源和导入外部模型3种场景制作的方法。场景模型制作的最终效果图如图10-1所示。

知识点 1 制作基础场景

首先从整体场景中体积较大的基础模型开始制作，这样可以更好地把控场景中各个部分的比例，如图10-2所示。

图10-1

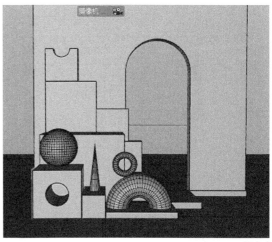

图10-2

> **提示** 基础模型的制作可以使用参数化模型，也可以使用样条建模，根据具体情况选择即可。使用样条建模相对参数化模型建模后期调整会方便一些。

下面讲解场景中稍微复杂模型的制作方法，如图10-3所示。

01 新建矩形样条并调整其属性，如图10-4所示。

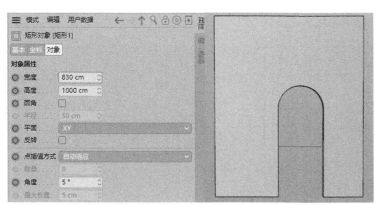

图10-3

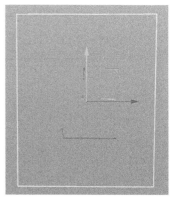

图10-4

02 新建第二个矩形样条并调整其属性，如图10-5所示。

03 调整第二个矩形样条的位置，如图10-6所示。

04 新建样条布尔生成器，将其作为两个矩形的父级，如图10-7所示。调整其属性，如图10-8所示。

提示 注意两个矩形样条之间的顺序。

图10-5　　　　　　　　　　图10-6

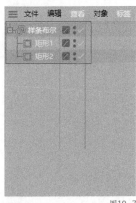
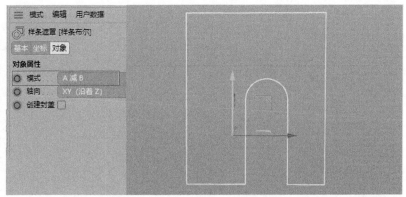

图10-7　　　　　　　　　　图10-8

05 新建挤压生成器，将其作为"样条布尔"的父级，如图10-9所示，并调整其属性如图10-10所示。

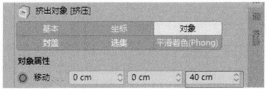

图10-9　　　　　　　　　　图10-10

06 在挤压的属性面板中选择封盖选项卡，将尺寸设置为"1cm"，如图10-11所示。

下面讲解图10-12所示模型的制作方法。

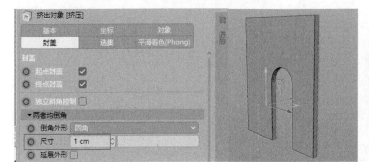

图10-11　　　　　　　　　　图10-12

01 新建矩形样条并调整其属性，如图10-13所示。

02 新建圆环样条并调整其属性和位置，如图10-14所示。

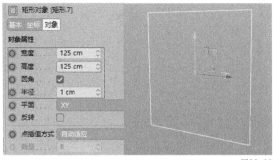

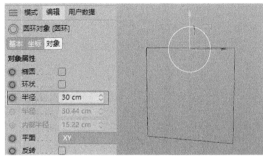

图10-13   图10-14

03 新建样条布尔生成器，将其作为两个样条的父级，如图10-15所示。调整其属性，如图10-16所示。

> **提示** 注意两个样条之间的顺序，矩形样条在上、圆环样条在下。

04 新建挤压生成器，将其作为"样条布尔"的父级，如图10-17所示。调整其属性，如图10-18所示。

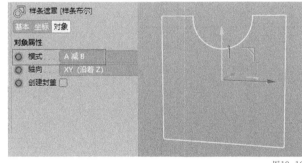

图10-15   图10-16   图10-17

05 在挤压的属性面板中选择封盖选项卡，将尺寸设置为"1cm"，如图10-19所示。

下面讲解图10-20所示模型的制作方法。这个模型与前面讲过的模型类似，唯一不同的地方就是圆环的中心点和矩形样条的中心点重叠，如图10-21所示，在此基础上再为其添加父级——挤压生成器即可。

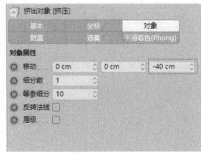

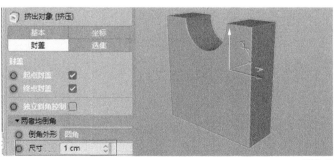

图10-18   图10-19

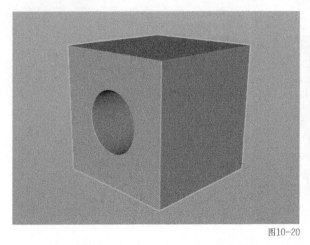

图10-20

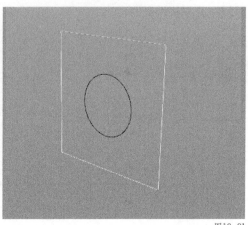

图10-21

下面讲解图10-22所示的两个半球模型的制作方法。

01 新建参数化模型球体，调整其对象属性，如图10-23所示。

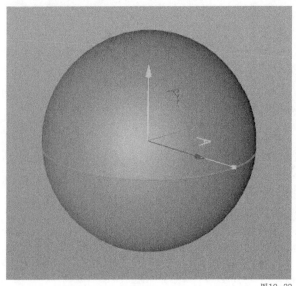

图10-22

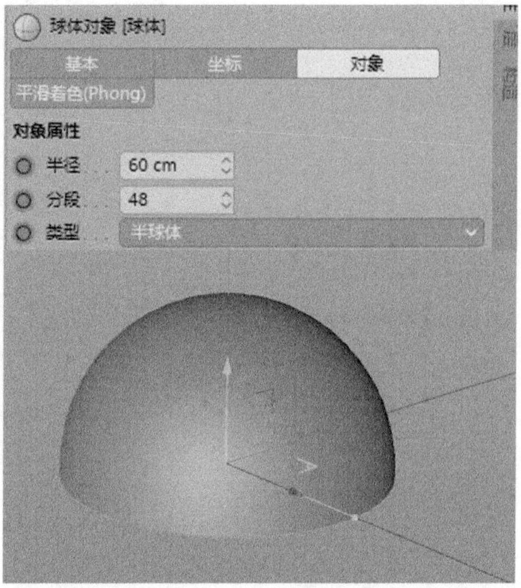

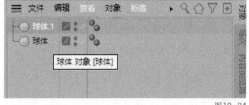

图10-23

02 在对象面板中选择"球体"，复制一个参数化模型"球体1"，如图10-24所示。

03 在参数化模型"球体1"的属性面板中选择坐标选项卡，设置旋转参数，如图10-25所示。

下面讲解图10-26所示圆环的制作方法。

图10-24

01 新建参数化模型圆环，调整其对象属性，如图10-27所示。

02 在圆环的属性面板中选择切片选项卡，调整其切片属性，如图10-28所示。

基于已讲解的模型，制作出剩余的模型，修改这些模型的相关参数，搭建出大概的场景，如图10-29所示。

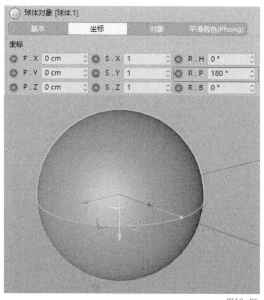

图10-25

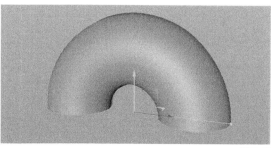

图10-26

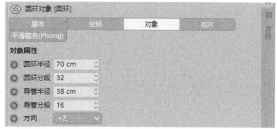

图10-27

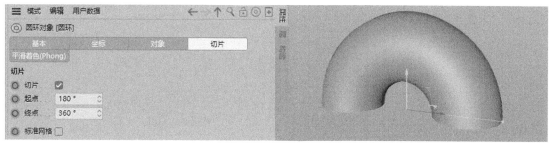

图10-28

知识点 2 使用摄像机构图

场景中的模型大致制作完毕,需要使用摄像机进行画面构图,并对模型之间的细节进行调整,以保证场景中的主体在画面中占据主要位置,如图10-30所示。使用摄像机构图的步骤如下。

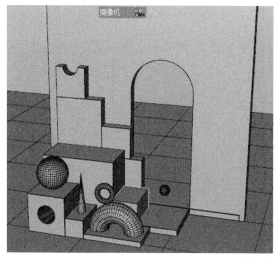

图10-29

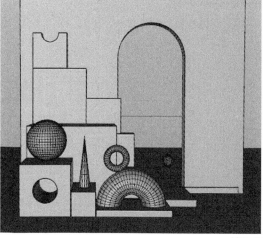

图10-30

01 新建单点摄像机并调整摄像机的坐标，如图10-31所示。

02 调整摄像机对象的"焦距"参数，如图10-32所示。

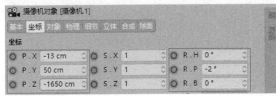

图10-31

图10-32

03 为摄像机添加保护标签。选择摄像机，单击鼠标右键，执行"装配标签 – 保护"命令，如图10-33所示。

知识点 3 使用预设库中的模型

Cinema 4D自带的预设库中有很多模型可以使用，下面选择预设库中的厨具模型作为场景中的主体。

01 在内容浏览器面板中找到"Blender"模型，如图10-34所示。

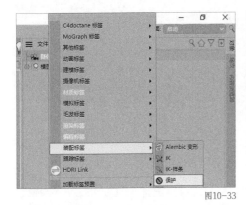

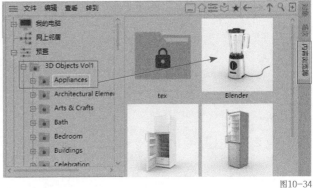

图10-33

图10-34

02 双击Blender模型，模型会加载到对象面板中，如图10-35所示。

03 在视图窗口中对Blender模型的位置和大小进行调整，如图10-36所示。

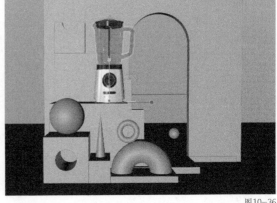

图10-35

图10-36

04 在内容浏览器面板中单击"搜索"按钮 🔍，可在这里输入名称以查找模型，搜索"chair"模型，如图10-37所示。

> **提示** 本案例场景中的细节可以使用内容浏览器面板中的其他模型来丰富，但要注意模型的主次关系。

图10-37

知识点4 导入外部模型

本案例中有一些模型是预设库中没有的，可以在网上下载一些模型库使用。下面讲解导入外部模型的方法，以进一步丰富案例场景。

01 在主菜单一栏中执行"文件-合并项目"命令，在对应的素材中找到"盆景"文件，单击"打开"按钮模型会加载到对象面板中，如图10-38所示。此时，可以对该模型进行移动和旋转等操作。

02 导入窗帘模型。在主菜单栏中执行"文件-打开项目"命令，在对应的素材中找到"窗帘模型"文件，单击"打开"按钮。

Cinema 4D会自动打开一个新的工程，在"窗帘"工程中选择需要的窗帘模型，如图10-39所示；将其粘贴到"案例"工程中，并调整位置，如图10-40所示。

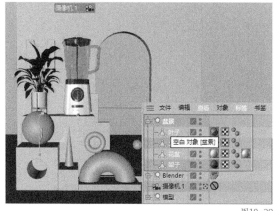

图10-38

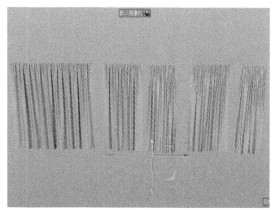

图10-39

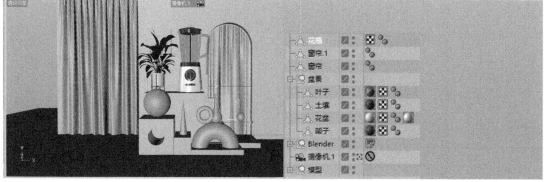

图10-40

第2节 制作场景灯光

在前面的课程中讲解了灯光系统及三点布光法，同时结合HDRI全局光照作为光源的细节补充，可以让场景中的光感更加均匀。本节将讲解如何在工程中应用三点布光法和使用预设灯光进行场景照明。

知识点1 进行三点布光

01 创建目标聚光灯，在聚光灯的属性面板中选择常规选项卡，将"类型"设置为"区域光"，如图10-41所示。

02 在灯光的属性面板中选择投影选项卡，将"投影"设置为"区域"，如图10-42所示。

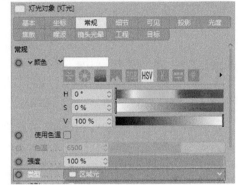

图10-41

03 在对象面板中选择"灯光"，复制出另一个灯光，如图10-43所示。

04 在透视视图中对"灯光1"进行位置调整，如图10-44所示。

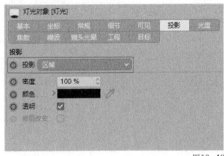

图10-42

图10-43

图10-44

05 在"灯光1"的属性面板中选择投影选项卡，将投影设置为"无"，如图10-45所示。

06 在"灯光1"的属性面板中选择常规选项卡，将强度设置为"80%"，如图10-46所示。

图10-45

07 在对象面板中选择"灯光1"，复制出"灯光2"，如图10-47所示。

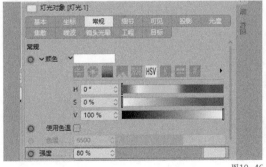

图10-46

图10-47

08 在透视视图中对"灯光2"进行位置调整，如图10-48所示。

09 在"灯光2"的属性面板中选择常规选项卡，将强度设置为"60"，如图10-49所示。

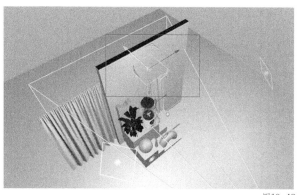

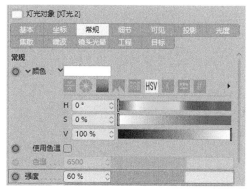

图10-48

图10-49

10 在透视视图中单击工具栏中的"渲染活动视图"按钮，进行场景灯光测试，如图10-50所示。

知识点2 使用预设灯光进行场景照明

01 在主菜单栏中执行"窗口-内容浏览器"命令。

02 在内容浏览器面板中双击要使用的场景灯光预设，如图10-51所示，灯光预设会加载到对象面板中。

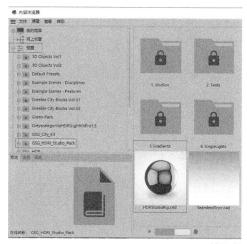

图10-50

图10-51

03 在透视视图中对灯光预设进行位置调整，如图10-52所示。

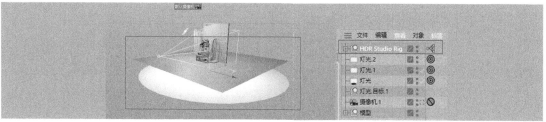

图10-52

213

04 单击工具栏中的"渲染活动视图"按钮，进行场景灯光测试，如图10-53所示。

第3节　创建场景材质

　　本节讲解为场景中的模型添加材质的方法，本案例中大部分模型使用的是基础材质，还有一小部分使用的是纹理贴图材质（如地面），如图10-54所示。

图10-53

图10-54

知识点1　创建场景模型材质

01 在材质面板中双击，创建材质球，双击材质球，进入"材质编辑器"窗口，进行材质的调整和编辑。在"颜色"通道中对颜色进行调整，并把该材质球拖曳到对应的模型上，如图10-55所示。

02 在材质球的"反射"通道中选择默认高光选项卡，并调整参数，如图10-56所示。

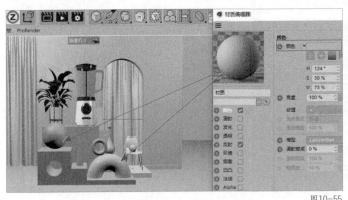

图10-55

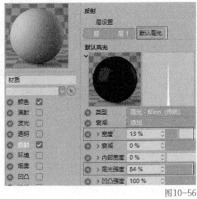

图10-56

03 在"反射"通道中选择层选项卡，单击"添加"按钮，选择"反射（传统）"，如图10-57所示，为材质球添加"反射"通道。

04 选择"层1"，将其拖曳到"默认高光"层下方，并调整参数，如图10-58所示。

05 新建材质球，调整材质球的颜色，并把该材质球拖曳到对应的模型上，如图10-59所示。

06 在"反射"通道中单击"添加"按钮，选择"传统（反射）"，并调整参数和层位置，如图10-60和图10-61所示。

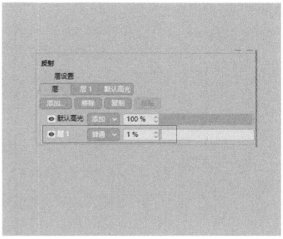

图10-57

图10-58

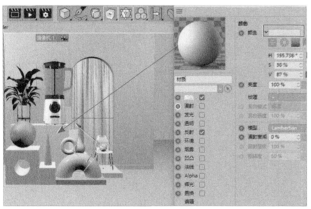

图10-59

图10-60

07 新建材质球，调整材质球的颜色，并把该材质球拖曳到对应的模型上，如图10-62所示。

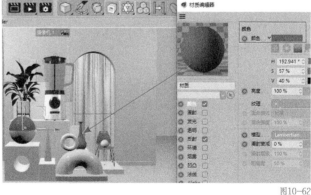

图10-61

图10-62

08 在"反射"通道中单击"添加"按钮，选择"传统（反射）"，并调整"层1"的参数和位置，如图10-63所示。

09 选择层1选项卡，将"粗糙度"调整为"23%"，将"纹理"调整为"菲涅耳（Fresnel）"，如图10-64所示。

图10-63

10 复制一个已调整好的材质球，调整新复制的材质球"颜色"通道中的颜色，并把该材质球拖曳到对应的模型上，如图10-65所示。

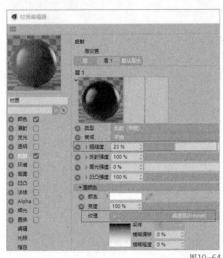

图10-64　　　　　　　　　　　　　　　　　　　　　　　　图10-65

11 复制一个已调整好的材质球，调整新复制的材质球"颜色"通道中的颜色，并把该材质球应用于对应的模型上，如图10-66所示。

12 复制一个已调整好的材质球，调整新复制的材质球"颜色"通道中的颜色，并取消勾选"反射"通道，并把该材质球拖曳到对应的模型上，如图10-67所示。

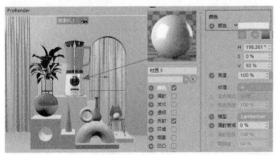

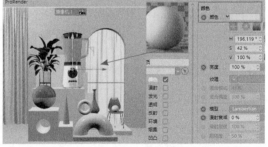

图10-66　　　　　　　　　　　　　　　　　　　　　　　　图10-67

13 复制一个已调整好的材质球，调整新复制的材质球"颜色"通道中的颜色，并把该材质球拖曳到对应的模型上，如图10-68所示。

14 复制一个已调整好的材质球，调整新复制的材质球"颜色"通道中的颜色，并把该材质球拖曳到对应的模型上，如图10-69所示。

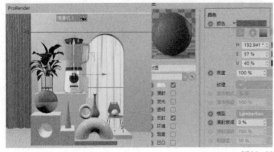

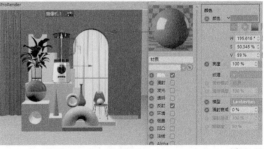

图10-68　　　　　　　　　　　　　　　　　　　　　　　　图10-69

知识点 2 创建场景纹理材质

场景中有些模型（如地面和盆景）的材质上是有一些纹理质感的，因此需要对这样的模型进行纹理材质制作，如图10-70所示。

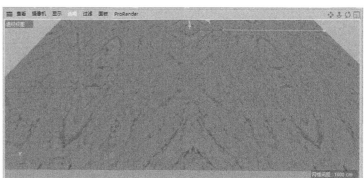

图10-70

01 新建材质球，在材质球的"颜色"通道中单击█████按钮。在对应的素材文件中选择"Files（1）"贴图，单击"打开"按钮，如图10-71所示。

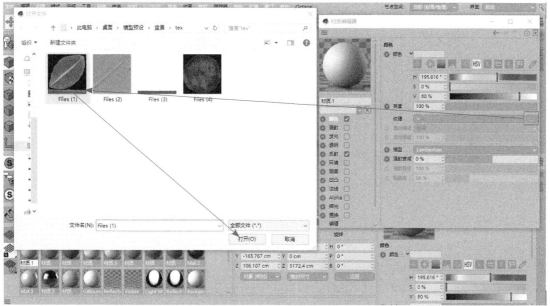

图10-71

02 勾选材质球的"法线"通道，在法线通道中单击████按钮。在对应的素材文件中选择"Files（2）"贴图，单击"打开"按钮，如图10-72所示。

03 选择叶子材质球，将其拖曳给透视视图中的对应模型，如图10-73所示。

04 新建材质球，在材质球的"颜色"通道中单击████按钮；在对应的素材文件中选择"Files（3）"贴图，单击"打开"按钮，如图10-74所示。

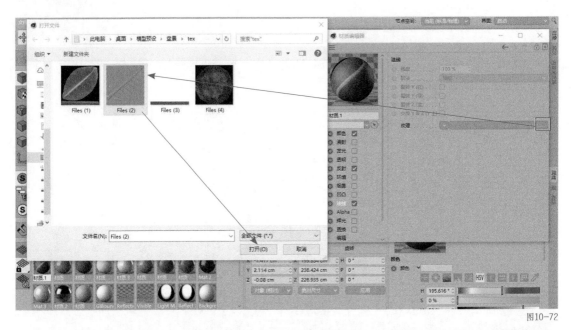

图10-72

图10-73

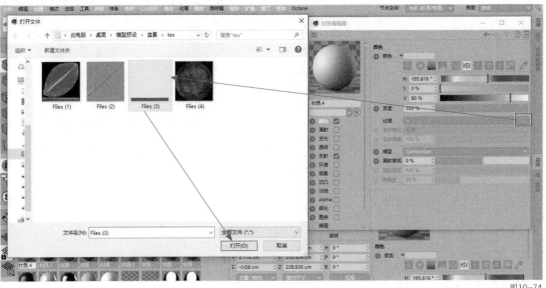

图10-74

05 选择刚才创建的材质球，将其拖曳给透视视图中的对应模型，如图10-75所示。

06 新建材质球，把该材质球拖曳给地面，在材质球的"颜色"通道中单击■按钮；在对应的素材文件中选择"地面纹理"贴图，单击"打开"按钮，如图10-76所示。

07 在地面材质球的"反射"通道中添加"传统（反射）"，并调整层参数和位置，如图10-77所示。

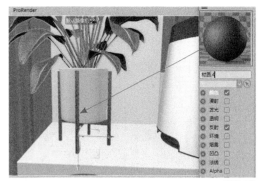

图10-75

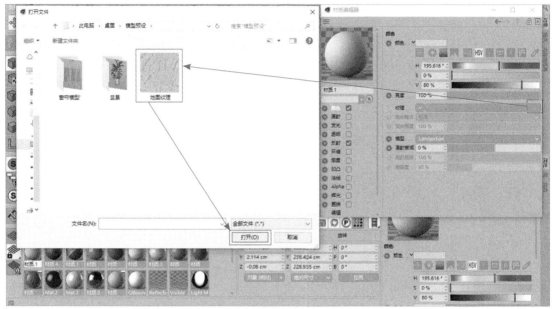

图10-76

第4节 渲染输出

对整体案例工程文件进行材质、灯光的调整，本节讲解对案例工程进行渲染输出的设置方法及对象缓存的使用方法。渲染输出设置包括输出、保存路径及格式、多通道渲染和添加效果等操作。

图10-77

知识点 1 设置对象缓存

在Cinema 4D中渲染输出后，如需对单个模型进行单独调整，可以为其添加对象缓存，以便在后期软件中用对象缓存图层进行调整。

01 在对象面板中选择场景的中透明材质模型，单击鼠标右键，执行"渲染标签-合成"命令，如图10-78所示。

02 在合成标签的对象缓存属性面板中选择对象缓存选项卡，勾选"启用"缓存1，如图10-79所示。

图10-78

> **提示** 可以根据项目要求对不同模型设置不同的对象缓存名称。

知识点 2 渲染设置

01 在工具栏中单击"编辑渲染设置"按钮，打开"渲染设置"窗口。在输出面板中，将宽度设置为"1250"、高度设置为"1080"，如图10-80所示。

图10-79

图10-80

02 勾选"多通道"，单击"多通道渲染"按钮，选择"对象缓存"。

03 在保存面板中设置常规图像的文件保存路径，再将"格式"设置为"PNG"；设置多通道图像的文件保存路径，将格式设置为"PNG"，如图10-81所示。

04 单击"效果"按钮，选择"全局光照"。

05 在全局光照面板中，将"二次反弹算法"设置为"辐照缓存"，如图10-82所示。

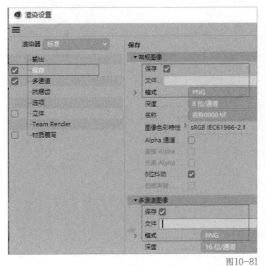

图10-81

图10-82

06 在工具栏中单击"渲染到图片查看器"按钮，等待渲染结束，如图10-83所示。

图10-83

第5节 后期处理

三维软件中输出的图像，还可以在后期软件中进一步对其画面的细节进行调整和优化。本节将使用After Effects对本案例输出的图像进行后期处理，进行后期处理前后的对比效果如图10-84所示。

图10-84

01 打开After Effects，在项目面板中双击，导入素材图像，如图10-85所示。

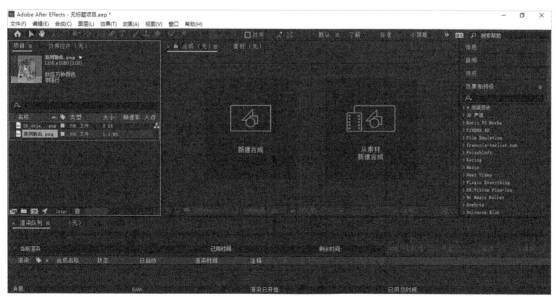

图10-85

02 拖曳案例输出素材图像到"新建合成"按钮处，创建合成，如图10-86所示。

图10-86

03 在时间线面板中选择"案例输出",将其复制一层,并把"ID"层拖曳到时间线面板中,如图10-87所示。

图10-87

提示 注意图层之间的顺序。

04 在时间线面板中选择序号为2的"案例输出",将"轨道遮罩"设置为"亮度遮罩",如图10-88所示。

05 在主菜单栏中执行"图层-新建-调整图层"命令,如图10-89所示。

06 在调整图层上添加曲线效果,并调整曲线的"RGB"值,如图10-90所示。

图10-88

图10-89

07 新建调整图层,在效果控件面板中添加"色相/饱和度",将"主饱和度"设置为"15",如图10-91所示。

图10-90

图10-91

08 在序号为6的"案例输出"上添加曲线效果，并对曲线的"RGB"值进行调整，如图10-92所示。

图10-92

09 后期效果调整完毕后，在主菜单栏中执行"合成-添加到渲染队列"命令，输出处理后的图像，如图10-93所示。

10 最终案例效果如图10-94所示。

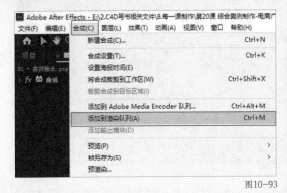

图10-93

图10-94

本课练习题

1. 填空题

（1）本课中的基础模型制作可以使用_____、_____两种方式。

（2）若有两个样条需要进行布尔运算，需要使用_____生成器。

（3）在进行渲染输出设置时，需要输出某个模型的对象缓存，应使用_____标签。

参考答案：

（1）参数化模型建模、样条建模

（2）样条布尔

（3）合成

2. 选择题

（1）若需要制作半球模型，可以直接在球体属性面板中选择（　　）类型。

A. 标准　　　　　B. 六面体　　　　　C. 二十面体　　　　　D. 半球体

（2）样条需要结合（　　）生成器，才可以制作出厚度。

A. 细分曲面　　　B. 布料曲面　　　　C. 挤压　　　　　　　D. 连接

（3）在渲染设置中，添加（　　）效果，可以提亮渲染的画面。

A. 环境吸收　　　B. 全局光照　　　　C. 素描卡通　　　　　D. 镜头失真

参考答案：

（1）D　（2）C　（3）B